A.KONG的
七十二变
潮流玩具设计灵感集

北京灌木互娱文化科技有限公司 编著

人民邮电出版社

北 京

图书在版编目（C I P）数据

W.KONG的七十二变 ：潮流玩具设计灵感集 ／ 北京灌木互娱文化科技有限公司编著. -- 北京 ：人民邮电出版社，2020.7
ISBN 978-7-115-52580-2

Ⅰ．①W… Ⅱ．①北… Ⅲ．①玩具－设计 Ⅳ.①TS958.02

中国版本图书馆CIP数据核字(2019)第256157号

内 容 提 要

本书是一本汇集了 99 位插画师、设计师和手工艺术家根据国内知名潮流玩具品牌 W.KONG 设计的潮流玩具作品集。

W.KONG 是一种能为设计者提供无限可能的平台型玩具。目前已有越来越多的人喜欢上了 W.KONG，也有越来越多的人开始收藏 W.KONG 作品。本书不但展示了这 99 位创作者的作品，还讲解了他们的创作思路。他们的作品天马行空，不拘一格，充满奇思妙想，其中不乏对宇宙的思考、对人生的感悟、对童年的回忆……

希望通过他们的作品来呈现当代年轻人对艺术和生活的所思所想，也希望这些创意能给其他艺术创作者带来灵感。

◆ 编　　著　北京灌木互娱文化科技有限公司
　　责任编辑　王雅倩
　　责任印制　陈　犇
◆ 人民邮电出版社出版发行　　北京市丰台区成寿寺路 11 号
　　邮编　100164　电子邮件　315@ptpress.com.cn
　　网址　https://www.ptpress.com.cn
　　天津市豪迈印务有限公司印刷
◆ 开本：787×1092　1/20
　　印张：12.2　　　　　　　　2020 年 7 月第 1 版
　　字数：255 千字　　　　　　2020 年 7 月天津第 1 次印刷

定价：100.00 元
读者服务热线：(010)81055296　印装质量热线：(010)81055316
反盗版热线：(010)81055315
广告经营许可证：京东市监广登字 20170147 号

前 言

W.KONG 是什么？

第一个真正意义上的中国本土平台玩具品牌。

平台玩具是什么？

把玩具当成画布，大家一起来创作。不管是设计师、艺术家、插画家，还是爱好者，都可以加入创作的行列。

W.KONG 在这个时候横空出世，有着天然的使命——在中国推广平台玩具，成为本土的潮流玩具品牌标杆。

追根溯源，为什么要做 W.KONG？

在 W.KONG 原型艺术家黎贯宇眼中，每个年龄段的人都需要玩具，但在中国，属于成年人的潮流玩具非常少。构思并创造一款包容性强、适合各个年龄段（特别是成年人）的玩具，是他的夙愿，于是就有了 W.KONG。

W.KONG 是有着一只圆耳朵和一只尖耳朵的胖猴子，其名称来源于中文"悟空"——寓意像孙悟空一样，具备无穷变化以及追求真理和目标的坚定信念。它的圆耳朵象征平和与包容，尖耳朵象征态度与个性。

W.KONG 具备高辨识度的外形轮廓，同时又有着纯色的身体"画布"。这样既可以为广大创作者提供自由发挥的空间，又可以保留专属于 W.KONG 的特征。玩家可以动用各种材料、工具和道具，通过涂鸦、改造和装置，让 W.KONG 变成自己想要的样子。

W.KONG 是一个玩具，更是自我表达的媒介，就像大千世界中的每一个你和我，既在某些维度上保有自我与个性，又逐渐与世界达成某种意义上的和解。

自 W.KONG 诞生以来，我们邀请了上百位插画师、艺术家、设计师、手工艺人等参与创作，希望通过他们的作品来呈现当代年轻人对于艺术、生活的所思所想。《W.KONG 的七十二变潮流玩具设计灵感集》正是对这百余位作者作品的展示。他们的作品天马行空，不拘一格，充满奇思妙想，其中不乏对宇宙的思考，对人生的感悟，对童年的回忆，对材质的突破，以及对传统工艺的传承与发扬。

而这，只是一个开始，W.KONG，绝对不止"七十二变"。

对话 W.KONG 原型艺术家黎贯宇

* <u>Q</u>：您如何定义 W.KONG？

* L：我觉得应该是中国自己的平台玩具。我本来想说是第一款，但是我了解到其实之前还有几款。

* <u>Q</u>：我们是不是可以说它是本土的潮流玩具，"本土"可能是其中一个重要的概念？

* L：对。"本土"这个概念呢，其实这两年提得比较多了，在前两年提得挺少的。本土设计者里面真正在做平台玩具的，大家其实并不知道。行业里面有没有呢？有，但他们的尝试基本上都无疾而终了。之前有几个品牌做得挺好的，但是后来因为设计师自己的工作原因就停掉了。这几个品牌都是设计师以个人的身份在做，它不是公司化的创作。真正践行平台玩具的概念，我们是第一个。因为平台玩具呢，其实主要还是得靠设计师、插画师和艺术家们。之前的本土潮流玩具品牌主要还是设计师自己在做：通过一己之力开发更多的形象出来，看起来很有"平台"的感觉——用了一个很基础的形状，承载了不同的图案。但实际上并不是多元参与的，是纯个人化的设计。而平台玩具本身的意思就是把玩具当成画布，大家一起来创作，W.KONG 更符合这个概念。所以我觉得 W.KONG 是中国本土的平台玩具。

* <u>Q</u>：您创作 W.KONG 的初衷是什么？

* L：创作它的初衷呢，其实特别简单，是因为我要讲课。我有一门课是玩具设计课，这个课程里面涉及平台玩具，所以就必须做很多研究。平台玩具作为潮玩在国外其实是比较主流的一个品类。为了做好研究，我就要去看国外怎么做这些事儿。其实那是在 2006－2008 年这几年，那个时候国内完全没有平台玩具的概念。我就去国外的网站上了解一些信息，包括看许多纪录片。讲完课我带着学生做作业，在那个阶段我就在想，我自己也应该做一个平台玩具，将来有机会的话可以把它实现出来。

  然后我在做它的时候，才发现其实平台玩具的设计要求挺高的。为什么呢？因为它只有一个简单的轮廓，但你必须让它具备极高的辨识度。而这要比我们设计一个卡通形象难得多，因为一个卡通形象除了它的轮廓，还有它的颜色、五官的细节、位置等，我们可以通过很多东西去提高它的辨识度，但平台玩具就只有一个轮廓。你想让平台玩具有辨识度，但那些本可以用的概括性的轮廓都被占用了，没有什么空间可以去做新的东西。所以当时我就琢磨，怎么去做一个从轮廓上就能跟其他玩具区分开来的东西。那个时候我还讲别的课程，在讲美国、日本的动画片，课程里边涉及另一个概念，叫"剪影形式"，就是做一个造型，即使造型放得很远，别人也能一眼辨识出来。所以剪影形式（对于平台玩具而言）很重要。

另外一点就是，与我对日本艺术家村上隆的研究有关（这些研究使我创作了W.KONG 这样一个形象）。他对我的影响特别大。

* **Q：这种影响表现在哪里？**

* L：你看他创作了一个叫 Mr.DOB 的形象，其实就是做了一个米老鼠那样的外在形态，但是他用了一些日式的表现手法，又幻化出了一些新的东西。包括他又做了一些玩偶，那些玩偶就是把一些常见的潮流元素，用不那么规范的手法组合起来。我们做卡通、做动漫有一个问题，就是特别容易把它模式化——为了 100 个人操作方便，那么动画片的形象造型一定是做得很规范的。这种规范性就带来一种规律性，而规律性带来的就是人们审美的疲劳。但村上隆不一样，他没有动漫的基础，没有某种规范，所以结果会很艺术。他做东西既有动漫的感觉，又偏艺术一点儿。我看中国的很多艺术家也是这样，虽然以前不从事动漫行业的工作，但是有一些动漫的思维。正因为他往往是超出你对于规范的这种认知，所以做出来的一些东西就更打动人，比模式化的创作就会好一些。在这种情况下，我就做了这个 W.KONG。

* **Q：这款形象从构思到最终定稿，大约经历了多久，过程是怎么样的？**

* L：花了挺长时间的，特别长。它虽然看起来简单，但做起来并没有那么容易。平台玩具经过长期的行业筛选，必须有一个基本合理的比例关系，就是身体和头的关系：如果它的头特别大或者尾巴特别大，别人就很难再创作了，创作者会受到特别大的局限；而相对中规中矩的比例，是能够把所有的造型都承载起来的。

既然四肢不能变，身体不能变，头身比例关系不能变，也不能随便加什么，那就只能在耳朵上做变化。

但尝试的过程中，我看了很多别的东西，也受到了陈可等中国当代的、20 世纪 70 年代或 80 年代的这些艺术家的影响，会去看他们在讲一些什么事儿。所以从初稿到最终确定这个造型又经历了一段时间。当时设计这个东西，在课程中就经历了半年的时间，课程结束后我又经历了一年的时间吧，前前后后这么长时间，最后才设计出来。

* Q：那现在这个大小和比例是已经确定下来了吗？

* L：大小可以等比例缩放，但是它的头身比例目前是定下来了，不会再变化了。但我认为这个比例在以后其实还是会逐渐变化的。仔细看看所有的平台玩具，都是随着时代的审美在微调的，包括它要承载的内容，都会微调。现在我们可能还没有到那个阶段，所以基本定下来了，短期内不会有什么变化。

* Q：一般来讲，平台玩具的发展脉络是怎样的，未来的可持续性又在哪里呢？从您的角度来看，您的平台玩具要怎么走下去？

* L：从我的角度来说呢，平台玩具的发展有几个方向。首先，它是一个玩具，就有玩具本身的功能：可以观赏，可以摆放、把玩、交易和收藏。那么我们会选择一些比较有趣的设计进行量产，通过量产玩具的交易去实现玩具本身的价值。然后呢，它作为一个平台，作为一张画布，可以承载更多的插画师、设计师做的一些东西，那么这里面的想象空间就会很大。一张画布、一个屏幕，既可以承载设计师的想法，也可以承载广告商的需要。那么它就会产生出不一样的东西来，承载设计师、插画师、艺术家想法的东西，就会形成源源不断的创意点。其中一部分用于量产，一部分用于展览，或者从艺术品的角度作为原作来收藏，还有一部分呢，可以与很多广告商进行合作或者跨界合作，比如跟阿迪、耐克、王老吉、旺旺合作，通过合作又可以让艺术家创作出一些新的东西来。合作对双方的品牌都有一个提升，那么它就有了一个像电梯广告屏一样的功能，就是一个广告位了。那么所有广告位能做的事它都能做，它就会变得更丰富，盈利的手段也会多一些，基本上从短期来看是这样的。那么展览呢，我们会出一些大的装置类产品，产品中当然会有适用于美陈的展览、快闪的展览这些不同用途的东西。当把这两块都

做完以后，它会不断推动别人深化对于品牌外在形象的认知。别人会认识到，这是一个品牌，是一个"潮牌"——这对于品牌来说非常重要。那么接下来就可以去做其他形象上比较"潮"的东西了——这就是我们的授权逻辑。当别人对这个形象有一定的认知，再把这个形象单拿出来，就可以有自己的服装、主题餐厅、游乐场等品牌衍生品，它的受众就是那一部分与品牌气质相符的人，这就是一个品牌长远发展的方向。

我们在做平台玩具的过程中，一直想实现"传统文化的时尚化"这个目标。包括我们的"哈密"这些项目，都是朝着这个方向去做的。我们会鼓励大量的非遗传承人在这个平台上去创造，这就拓宽了过去传统的平台玩具的概念。传统的平台玩具的概念就是指只有插画师、设计师去做，现在我们加入了新的东西，比如说大漆、刺绣、剪纸、银饰等工艺。你会发现这些东西都能跟平台玩具搭在一起，平台玩具发展的空间就会更宽广，它的品牌调性也会变得更宽容一些。

为什么品牌叫 W.KONG 呢，就是指我可以有外在的变化，但是内在是不变的，内核一定是中国的东西。插画师、设计师尽量都用中国人，包括非遗元素的引入，这些都是在往这个方向上走。这个是我对 W.KONG 的一个整体规划。

* **Q：刚才听您讲到，W.KONG 从孵化到落地已经一年的时间了，那它实现品牌化您觉得还需要多久？**

* L：我们募集插画师、设计师、艺术家来进行创作，到现在大概已经有两个月的时间了。我原来的规划是用一年半的时间去实现品牌化，按道理做一个品牌是需要花更长时间的。但是在这之前，我们跟设计师、插画师做了很多互动，我们公司又有比较丰富的卡通形象设计经验，经过两个月的时间，它在插画师这个圈子里就已经有了一定的影响力。从最开始我们去找他们，到后来他们积极地来参与，就这么一件事儿，别的品牌去做可能就需要一年的时间。所以通过这件事情，我认为经过一年半时间的努力，我们是可以把这件事情做得更好的。起码做到什么程度呢？就是到我认为的授权逻辑和广告逻辑都显现出来的程度。

* **Q：现在的销售渠道主要有哪些？**

* L：其实还没有到销售的阶段，现在我们做的是请插画师进行设计。部分产品已经开始量产了，还没有进入到销售这个环节。接下来销售的渠道比较多，我们可

以去和 52TOYS、泡泡玛特，以及天猫、淘宝上面比较好的厂商进行合作；我们自己在东莞也投资了玩具制作公司，它们自身也有非常好的线下渠道，这些都可以去用。但对于销售渠道我们还是会挑选一下，因为它最后出现的形式还是要能打动我们那一部分目标人群的。

* **Q：您希望 W.KONG 是一个小众的还是大众的东西？**

* L：从我自己的角度来说，我当然想做一个大众的东西。我以前做的事情都不算特别小众，我自身的特质决定了这种情况。我自己一点艺术家的气质也没有，太普通了，就是特别普通的一个人，不是一个小众的人。我做公司、做人都是这样，出格的事不敢干，出格的话不敢说。就觉得说了出格的话，别人会怎么想你。我受到的教育当中有特别多这样的因素。我做的所有产品、项目，我都会极力劝说设计师一定要收回来一些，我就是要做被大众认可的、影响相对广泛的产品。这是我想做的，我觉得大部分小众产品的开发者可能也是这么想的，只是还没有做成大众品牌而已。

* **Q：其实这个思路更适合商业化。**

* L：对。日本有一个漫画家叫永野护，他画漫画，他要求关注自己的群体必须在 5 万人以内。如果有一段时间关注者超过 6 万人，达到六七万人，他就会画非常难看的画，让那些关注者离开。他认为那些都是假的关注者，所以他自己会做筛选。但是他所处的环境允许他那样做，他那样的特质也允许他那样做。对我来说，我觉得关注者越多越好。我们要做的事情也要求这样，如果我们自己要保持小众，又怎么把非遗变成大众的东西呢？因为我们要追求的就不是小众的艺术，商品化能够促进大众认识非遗，所以商品化就是我们说的大众化。

* **Q：您要做的是中国本土的第一个平台玩具品牌，那我作为普罗大众中的一员，怎么去认识平台玩具并参与其中呢？**

* L：第一步是认识平台玩具。对于平台玩具的概念，我认为国内没有特别准确的定义。为什么呢？因为这件事情它不主流，潮玩在前几年是不被大家看重的一块。我几年前买过好多关于玩具设计的书，都是讲毛绒怎么打板这样的内容，会偏向于低幼儿童的喜好和需求，跟潮玩没有太大关系。潮玩本身就比较小众，在小众的潮玩当中，平台玩具又是更小众的一块，所以没有人给出一个特别准确的定义。

但我自己的认知是，它就是一个画布玩具。

* **Q：也就是说，我们在主打平台玩具这件事情的时候就需要给出一个我们的定义来，对吗？**

* L：对。事实上平台玩具由来已久，它特别像我们小时候公园里面小摊儿上的那种石膏翻模。我小时候就有过这样的经历，邻居的叔叔拿石膏模子翻出米老鼠放在公园里，大家就可以拿着石膏翻模去画。平台玩具就特别像那个，它是一个全民都可以参与创作的东西。但比较而言，平台玩具应该已经提升到一个更高的层次，如同之前校门口的礼品店变成了名创优品，天津灌汤小笼包变成了喜茶。似乎我们中国过去相对比较普遍的现象，都会在未来重演一遍。玩具失去互动性就失去了很多乐趣。比如芭比娃娃、车模、乐高，都有很强的互动性，使用者可以养娃、装扮、拼接，但是潮玩里面有很多是收藏性强、互动性弱的东西。而平台玩具在这一方面是比较好的，因为平台玩具有很强的互动性。

  我们会组织相关的比赛、展览，这是大众可以参与的。我们办一场比赛，你把我们的平台玩具买回去，画完了来参加比赛。这就跟你买我们一张纸，画完了来参加我们的比赛，是一个道理，我们会进行签约、颁奖。此外，我们会在公司所有的线下渠道、线上渠道铺白模，铺了白模以后也会提供相应的工具。因为平台玩具也不是你家里有一盒彩铅就能画的，所以公司会配套相应的工具，使平台玩具逐渐形成一定的风潮。有的设计师也会给它穿件小衣服，装扮一下。参与的方式有多种选择。

* **Q：这个玩具所承载的情怀，可以说也包含了您个人的成长经验和情绪在里面。对于平台玩具，其实不同代际的人去创作的时候会把不同的情绪画上去，是吗？**

* L：对，是这样。它的好玩就在于它没有定式，我们现在并没有主推某一款，说这个就是我们的标准。这点特别好的就是，你可以让平台玩具承载你生活中的一些东西，你也可以模仿知名的一些卡通形象，你也可以单纯把它涂黑了。它能承载的东西特别多，所以我觉得它最大的特点就是没定式、不设限。还比较像我这种个性，哪哪都不那么突出，哪哪也都不太差，在生活中出格的事不做、出格的话不说。

  我刚当老师的时候，我的同学都觉得我做不了老师，因为超过 3 个人在场我说话就会脸红，就不想说话。我第一次上讲台的时候，粉笔抖动得很厉害，我转过身面对黑板时对自己说"别紧张、别紧张"，转过去就不会说话了。但我后来成了我们学校非常专业的老师。再后来我想当艺术家了，可怎么当呢？我就看了村上隆的那本书，他说你必须挖掘自己人性中的黑暗面。然后我放弃了，我觉得我这辈子都当不了艺术家了，因为我找不到一点点黑暗的东西。但是后来我慢慢发现，我有别的途径，有中国传统文化的支撑。作为艺术家我卖画卖得还可以。当时有固定的藏家，我画出来之后，他们先来看，看完之后，付几万块钱，他们就买走。只要维系好这几个人我就可以生活得很舒服了。再后来，我创办了企业。别人都认为不可能：一个晕头晕脑的艺术家，又特别感性，不可能做企业。但是我做得也还行。当然我们行业有更好的，但是我也比大部分人都好一些。我的人生经验大部分是这样一种状态，所以我觉得不设限就是挺牛的一件事。

我原来就对一些人说，就是因为他们设定的原则太多了，所以办不了企业。我最近一直在反思一件事情，就是你现在做的很多东西，都源于你的人性、世界观定型的时候所决定的那些事情。我在二十七八岁的时候就决定了终身要做的事情了。我很早的时候就知道自己想做动漫。我记得特别清楚，那会儿还没有大学毕业呢，我晚上睡不着，就在那里一直想，把事情想清楚了，未来要怎么干，然后我现在就这样干了。我发现我停留在二十五六岁的时候，没有再成长了。现在我虽然40岁了，但是其实特别幼稚，就是跟大家交流之类的都是二十五六岁时的状态。二十五六岁以后，社会的变迁也没有使我的想法发生很大的变化。基本上你在那个时候想好的那些事情，就是你这辈子真正要干的事情。当然，人的成熟时间不一样，有的人可能在五十五六岁时突然成熟，有的人可能一辈子都不成熟，有的人可能很小的年纪思想就成熟了。当然我就是基本定格在二十五六岁，基本没有再变过，从心态到各个方面。在目前这个年纪，大家觉得我看起来特别激昂、向上，其实这对于我自己而言就是正常的状态，我也没有变化；而在二十五六岁那个年纪呢，他们又会觉得我有点老成，其实我的想法就是定格在那个时间段了，而那个时间段我正好特别想做这些事情。

村上隆做的事也正是我想做的事。他的那本书叫《艺术创业论》，我就是想做这样的事情：把艺术和商业结合在一起。我不相信这当中有什么尖锐的冲突是不可调和的。我自身就是承载了很多矛盾的一个人，我的特质决定了我能做这样的事，也只能做这样的事。我记得那会儿朋友就对我说"你做不了艺术家"，我问为什么，她说我不愤怒。我觉得她说的虽然有一些道理，但是愤怒的艺术家只是艺术家的一种，她是以偏概全。对有些品牌觉得美应该是自己认可的那几种，所以认为在他们的审美之内，你就是高级的；在他们的审美之外，你就不是高级的。但是我认为不是这样，这个世界上有太多种美，我们的世界是一个包容性的世界。从我的角度来说，我们的社会发展到了现在，我们见过那么多好东西，比如非遗，那些东西都是经过几百上千年的沉淀而保留下来的，凭什么你说一句不行，它就不行了？不是那个道理，它们有自己存在的必要性。其实我自己是一个比较没有常性、做的事情比较杂的一个人，人违背不了自己的个性。我以前也想过，我能不能当像岳敏君这样的艺术家呢？我想了想，我当不了，那是他的气质，而不是我的。我本身就是追求大众的个性，大众喜欢的东西也都是可爱的，那我为什么非要表现得很冷酷、很愤怒之类的呢？那是别人，而不是我。我觉得艺术就是这样，能通过一个手段找到自己是最重要的。你花了很长的时间才知道，哦，原来自己是这样的，自己只能这样。你反过来想想，哪有那么多选择，你最终会由于自己的个性，被生活慢慢地指引到比较明确而狭窄的一条路上。

* **Q：所以您是支持性格决定人生论吗？**

* L：基本上。虽然性格不是决定人生的唯一力量，我觉得决定人生的还有很多其他力量，但是性格起抉择作用，就是性格是帮助你做选择的。人生中有很多你说不清楚的东西存在。比如说，我今天突然病了，当然这个和性格没有关系，但是我却觉得自己的人生完了；而我选择做一个企业家还是做一个艺术家，如果我选择做企业家，我又要做什么样的企业，这都是由性格决定的。性格能决定很多东西，但不能决定全部。

* **Q：那您怎么定义自己呢？是一个企业家，还是一个艺术家？**

* L：我觉得我还是个企业家吧。因为我现在的身份 80% 来自企业这一块儿。进一步来说就是审美比较好的企业家，这样的一种状态。中国好的企业太多了，做得比我好的人也太多了。但是我觉得中国能兼具两种身份的人，即这边能画两笔、那边又能做公司的人特别少。这是我将来生存的路。会画画的人大部分办不好公司，因为我这一块儿不那么强，那一块儿也不那么强，所以放在一起的时候就比较均衡。事实上我在画画的技术上比一般人有天赋，我非常小的时候就已经画得很好了，但这不代表我是一个艺术家，这是两回事。我现在创作的那些东西，也都是偏商业化的，我也不敢像村上隆那样做比较出格的艺术。我当然知道，如果我愿意用过激的言论去表达自己的想法，我的想法也可能会被别人认知到，但我不适合这样的处事方式，而适合一个相对均衡的处事方式，那我就把这种均衡用好就行。所以像我这样的人就做一个创作型的企业家吧，这是我对自己的一个定位。

* Q：您为什么会取 W.KONG（悟空）这个名字呢？

* L：我的想法是，孙悟空是一个非常中国化的并且能承载很多东西的形象。孙悟空有七十二变嘛，他是《西游记》里面有最多变化的角色。但是他的变化也有限度，有的能变，有的不能变。另外呢，孙悟空的变化当中有他藏不了的东西，意思就是你的外在可以有各种各样的变化，但是你的内在，也就是你的气质是不会变的。孙悟空变成一座大庙，尾巴变的旗杆就得立在庙的后面，这就是他有他自己不能改变的东西。我觉得这个现象挺有趣的。而且 2008 年奥运会的时候有一个调查，就是国外对于中国的认知调查，其中悟空的认知度是最高的，也是"最中国"的东西，我就想做一个"最中国"的玩具。

* Q：您是如何想到把非遗这个板块纳入平台玩具的体系中来的呢？

* L：因为我们做了很多非遗的项目，在这个过程中我们了解到，非遗最大的问题就是不够时尚化。其次就是我看到了很多非遗其实是附着性的，而不是主体性的。比如说大漆，这样的涂料放在一个平台玩具上，就会很漂亮。过去，大漆、景泰蓝、玉雕这些就是作为"玩具"存在的，"玩具"在中国，从古至今都有一个巨大的消费品市场；并不只是一个拨浪鼓，也有许多成人的玩具。那么非遗就为平台玩具带来了很多的可能性。

当然，在这方面我们也有很多优势，有很多资源可以去支撑。而且非遗当中的确是有很多元素可以融合在平台玩具里边的：在有了平台玩具之后，扎染可以怎么做，大漆可以怎么做，剪纸可以怎么做，每一项工艺，每一个产品的类型，都可以尝试与平台玩具结合在一起，产生一种新的东西。大家一说到非遗，就会有一位老人在昏暗的灯光下匠心制作工艺品那样的感觉。非遗是不够时尚、不够新潮的，而当代艺术、潮流玩具是前卫的东西，如果这两样东西能结合在一起，就容易被年轻人认可。一个年轻人，如果手里的平台玩具是涂有大漆的，他就可能边摩挲边玩，也有可能会对大漆这项工艺本身感兴趣。所以我觉得两者结合起来其实会有各种可能性，这种可能性会让 W.KONG 跟别的平台玩具不一样。

* Q：**至少是打破了大家对非遗的一种刻板的印象了。**

* L：这就是一个载体的问题。年轻人喜欢传统文化，但他们不一定喜欢在原来那种载体上表达的传统文化，他们比较喜欢新的东西，所以就需要新的画布去承载传统文化。从内容到技术和形式，我们都可以去创新。所以当融入了这些非遗技艺的时候，你会发现，平台玩具能承载的东西越来越宽泛了。可想象的空间很大，事情就会很有趣。如果你想要干很多事，刚好找到一个出口的时候，你的心境就会很不一样。

* Q：**创作都是在表达嘛，每一种艺术形式，不管是做玩具还是其他形式，都是在找一个表达的出口。如果这个玩具按照您刚才的规划来做的话，会是很有趣的事业。**

* L：对，我是这么觉得的。比如说动画，我不能说我们达到了多么专业的程度，因为高手如云。但是这个平台玩具还没有什么人在做，没多少人的时候呢，你可以建立规则，这就很令人期待了。我看到武侠小说里就是这样，你一旦自创门派，别人就会马上对开宗立派的人肃然起敬。即使你做得还不够好，但你是原创的。所以如果你能自己建立规则，还是挺值得期待的。因此，平台玩具是有爆发力的，它上升的空间会比较大。虽然我们这个品类还不够多，但是有可能做成中国的标杆。

W.KONG 七十二变
涂色互动

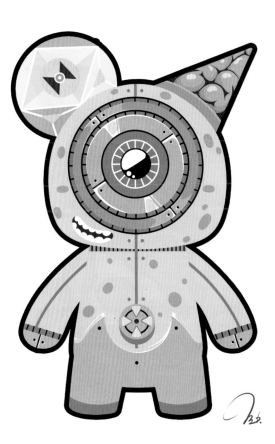

Grace Suen

狐狸飞

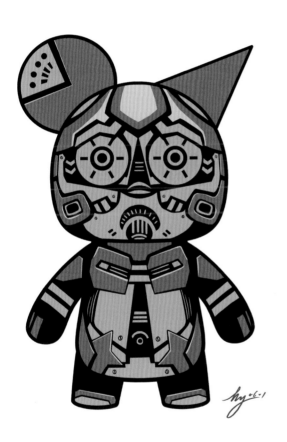

目 录

Contents

001 黎贯宇

作 者：黎贯宇

个人简介：北京灌木互娱文化科技有限公司创始人，潮流玩具 W.KONG 原型艺术家，太原市动漫协会副会长，中华人民共和国文化和旅游部振兴传统工艺工作站特聘设计师，自由艺术家，曾两度入选中华人民共和国文化和旅游部双创人才库。

他曾先后获得国内、国际动画及设计类大奖 30 多项；出版动漫相关图书 40 余本；早年曾为迪士尼等诸多欧美大型动漫公司制作大量加工片；也为中国银行、雀巢、白象、《爸爸去哪儿》、《奔跑吧兄弟》等国内知名品牌和电视节目设计了许多受欢迎的卡通形象。

目前他和他的团队以将中国传统文化与动漫时尚设计结合、讲好中国故事为己任。

出生日期：1980 年

居住地：北京

W.KONG 七十二变作品

W.KONG × 黎贯宇——《随心所欲》

孙悟空，曾有着随心所欲的美好理想，自从踏上取经路后，双肩便有了责任，理想只能先放在一边。

W.KONG 七十二变作品

W.KONG × 黎贯宇——《爽》

不仅是人逢喜事精神爽，传统元素与汉字、拼音的碰撞，更是让人神清气爽。

朱新南

002 朱新南

作 者: 朱新南

个人简介: 胡同里的自由养猫漫画设计师, 猫比人有名那种。

出生日期: 1987 年 9 月 29 日

居住地: 北京

毕业 / 就读院校: 北京电影学院

从事插画创作时间: 2006 年

合作过的品牌 / 项目:《爸爸去哪儿》绘本系列。

* **Q: 您是因为什么契机开始画画的?**

* A: 应该是看了《葫芦娃》吧。

* **Q: 您创作中使用较多的题材或灵感来源于哪里? 可以分享一下创作背后的故事吗?**

* A: 看电影、看漫画, 几乎不间断, 自然而然就积累了。

* **Q: 有哪些关键事件或者转折点促使您形成了现有风格? 未来有想要尝试的新风格吗?**

* A: 那必定是鸟山明老师的作品带来的影响了; 有转变的想法, 随缘。

* **Q: 您最欣赏的艺术家、插画大师或者其他领域的人士是哪位? 为什么?**

* A: 尾田 (尾田荣一郎) 吧。因为他完美地继承并优化了鸟山明的精神。

* Q：可以分享一下您觉得最特别的一次绘画经历吗？

* A：和桃子一起画自己设计好的巨型大象雕塑。

* Q：在创作中有没有什么小癖好呢？

* A：边看哔哩哔哩的各种视频边画画，闲不住。

* Q：在进行创作时，是否会考虑市场以及观众的偏好呢？还是希望能跳脱市场性，赋予作品不同的感觉呢？

* A：会，当然前提是我自己很喜欢，后者也是会考虑的。

* Q：您喜欢收藏艺术品、动漫手办或者潮流玩具吗？可以举个例子吗？

* A：喜欢，但是没钱。

W.KONG 七十二变作品

W.KONG × 朱新南——《吞食》

吞食万物，悟道真我。

003 墩小贤

作 者：墩小贤

个人简介：本名李笑贤，阿迪达斯插画师，青年艺术家，中国设计师协会会员，天津美术家协会漫画专业委员会会员，天津小贤文化传播有限公司创始人，Dahood 特邀涂鸦艺术家，跨界设计师，站酷网推荐插画师，银博缘儿童创客大学艺术顾问，"小贤神画"创办人兼高级美术讲师。

他是中国黑白插画、硬笔画年轻一代的领军人物之一，被称为纯手绘的黑白"刺客"。

出生日期：1992 年 2 月 20 日

居住地：天津

毕业 / 就读院校：天津大学

从事插画创作时间：2004 年

合作过的品牌 / 项目：《三叶草幻想之城》被阿迪达斯北京旗舰店永久保留和展出，《adi-panda》被阿迪达斯成都旗舰店永久保留和展出，受邀设计著名科幻巨作《三体》的小说封面。

* **Q：您如何定义自己的作品风格？有哪些关键事件或者转折点促使您形成了现有风格？**

* **A：** 我把漫画、插画、装饰画、唐卡、浮世绘等元素融合起来进行了一种新的画种创作，取其精华、集其大成。运用黑白两色进行创作是因为我觉得它们是最纯粹的颜色，不掺假，不虚伪，很真实，很符合我的创作理念与个人喜好。

* **Q：您最欣赏的艺术家、插画大师或者其他领域的人士是哪位？为什么？**

* **A：** 我喜欢凡·高，他让我看到了一股纯真、纯粹的力量，他完全把"心"画在了画布上。而我们做艺术就是为了追求这种本原的纯粹与

不加思考的冲动，我认为在这一点上凡·高是无人能及的，他本身就是艺术。

✱ <u>Q</u>：可以分享一下您觉得最特别的一次绘画经历吗？

✱ A：我在大学的时候接到了阿迪达斯的合作邀请，后来他们把我的作品放在旗舰店里永久保留和展出，我感到荣幸，有一种梦想成真的感觉。后来我觉得，只要你能认真、努力地做自己，没有什么是不可能的。

W.KONG 七十二变作品

W.KONG × 墩小贤——《黑白刺客》

锁定目标，用黑白演绎最绚烂的"色彩"！

004 小黄

作 者：小黄

出生日期：4 月 21 日

居住地：北京

从事插画创作时间：2015 年

合作过的品牌 / 项目：人民邮电出版社水彩教程编绘、阿狸童话系列视觉图、百词斩儿童绘本。

* **Q**：您是因为什么契机开始画画的？
* A：在记忆里，我从小就很喜欢画画，所以就坚持下来了。
* **Q**：可以跟大家分享一下您常用的画材吗？
* A：手绘的话用水彩、彩铅比较多。板绘的话基本都用 SAI。
* **Q**：您创作中使用较多的题材或灵感来源于哪里？可以分享一下创作背后的故事吗？
* A：题材和灵感基本都来自生活中发生的事情，可能是别人的一句话，也可能是看到的某个场景，或者自己经历的事情，这些都很容易激发我创作的欲望。
* **Q**：您在创作中有自己独特的色彩偏好或者其他特别的创作习惯吗？
* A：好像没有哎，完全看当时的心情啦。

*   Q：创作 W.KONG 的"脑洞"是怎么来的呢？可以分享一下创作理念和创作过程吗？

*   A：我创作的出发点是，想表达不管是在单纯的朋友关系还是恋人关系中，两个人相处久了、关系越发亲密之后，都会越来越像对方。不管是情绪上的互相影响还是喜好上的互相影响，我觉得都挺有趣、挺美好的。

W.KONG 七十二变作品

W.KONG × 小黄——《亲密朋友》

朋友之间的喜欢，就是开始变得相似。

005 雨田三石

作　者：雨田三石

个人简介：2008 年毕业于广西艺术学院，工作以绘画为主。从事过动画、插画、漫画、电影广告分镜和游戏原画等工作。目前处于半自由职业、半团队状态。

出生日期：12 月 16 日

居住地：北京

毕业 / 就读院校：广西艺术学院

从事插画创作时间：2009 年

出版记录：电子工业出版社《铅变万画》。

* Q：您在创作中有自己独特的色彩偏好或者其他特别的创作习惯吗？可以举个例子吗？
* A：我的独特爱好就是喜欢画身材比较性感的女性，哪怕原本应是身材平平的女生，我都要强行加上性感的曲线。
* Q：您如何定义自己的作品风格？未来有想要尝试的新风格吗？
* A：我喜欢尝试自己偏好的风格，但是主体风格保持不变，只是技巧上稍微变了一些。当然，未来有好的想法肯定会尝试，但不管怎么尝试都会保留自己独特的感觉。
* Q：您最欣赏的艺术家、插画大师或者其他领域的人士是哪位？为什么？
* A：我欣赏的都跟我风格挺接近的，比如寺田克也、村田莲尔、田岛昭宇、Ashley Wood 等。有时候说不上来为什么，看到他们的画就喜欢，就是这么简单。

＊　Q：　您喜欢收藏艺术品、动漫手办或者潮流玩具吗？可以举个例子吗？

＊　A：我很少收藏艺术品，还没达到那个水准和着迷的程度。潮流玩具就是 3ATOYS 的几个人物和兵模。

W.KONG 七十二变作品

W.KONG × 雨田三石——《千变爱丽丝》

听说有趣的灵魂都很"胖"。

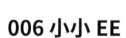

006 小小 EE

作　者：小小 EE

出生日期：1988 年 1 月

毕业 / 就读院校：北京服装学院

从事插画创作时间：2012 年

出版记录：《阁楼精灵》《别了，远方的小屯》《同桌阿伦》《三味书屋》《长尾巴小猴》《门牙阿上》等儿童读物。与漫友文化合作《王尔德不童话》童话绘本。

展览记录：作品入围 2016 年、2017 年 BIBF 菠萝圈儿国际插画展；

　　　　　作品入围 2017 年阿联酋阿布扎比国际书展中国主宾国插画展；

　　　　　2017 时差"一个人"的绘本展；

　　　　　2017"秋色"邀请展。

获奖记录：获得第二届《儿童文学》金近奖最佳画手奖。

合作过的品牌 / 项目：雅丽洁私信面膜、黄油相机、秘蜜茶园、造物课堂。

* 　Q：您是因为什么契机开始画画的？

* 　A：因为从小就喜欢画画，所以一直没有停过笔，但几乎都是涂鸦式地随性而画。后来从上大学到工作，做的基本都是跟画画无关的事情。研究生时期认识了很多插画师朋友，领略到国际上插画的多样性，才开始真正地思考画画和进行创作。

* Q：您如何定义自己的作品风格？有哪些关键事件或者转折点促使您形成了现有风格？未来有想要尝试的新风格吗？

* A：（我定义为）温暖的童话风，我喜欢充满想象力的画面，笔下也就自然画出了这样的作品。记得最初开始画画的时候，我将自己的作品放在网上，有人留言告诉我："谢谢你的画，（它）让我仿佛看到了自己。"这让我突然意识到：原来自己的作品也会影响到其他跟我内心相似或者经历相同的人啊！这件事让我突然领悟到了创作的意义。在未来当然会尝试新的风格。不断学习和不断尝试，将各种好玩的事情通过自己的方式融合在自己的创作中，才会得到更多且更新的收获。

* Q：您喜欢收藏艺术品、动漫手办或者潮流玩具吗？可以举个例子吗？

* A：超级喜欢啊，家里新做的收藏柜就准备摆放我的玩具了。（我收藏的有）Blythe、BJD、胡桃人，以及各种木质的玩偶摆件，等等。

W.KONG 七十二变作品

W.KONG × 小小 EE——《马戏团时间》

嗨，伴随着轻松出发，即将展现在眼前的是一场不可思议的绚丽表演，它将带给你"五彩斑斓"的心情和童话般的体验。准备好了吗？欢迎来到我们的马戏团。

007 酥酥沫

作 者：酥酥沫

个人简介：酥酥沫，一个双子座女孩，除了喝奶茶和吃火锅，坚持最久的事情就是画画，一直憧憬着"遇见"一个作为插画师的自己。

出生日期：1997 年 6 月 14 日

居住地：北京

毕业 / 就读院校：华盛顿大学

从事插画创作时间：2016 年

* **Q：可以跟大家分享一下您常用的画材吗？**
* A：我喜欢的画材可以说真的太多了。追求质感的时候，我很喜欢用丙烯颜料和水彩，特别喜欢丙烯重叠起来的立体感和水彩的晕染效果。不过因为颜料背来背去不方便，用得最多的其实是 iPad。

* **Q：在进行创作时，是否会考虑市场以及观众的偏好呢？还是希望能跳脱市场性，赋予作品不同的感觉呢？**
* A：考虑市场以及观众的偏好其实在很多时候是无法避免的，像惯性一样，创作的时候很自然地会产生"这样的东西观众会不会不喜欢？"的想法。但其实每次碰到这种困扰的时候我都会尽可能地放空自己去创作，争取不受市场的束缚。毕竟艺术和设计是不同的，艺术创作不用以迎合观众为目的，可以随心所欲地表达艺术家的想法及感受，设计师才需要更多地考虑市场需求。

* **Q：创作 W.KONG 的"脑洞"是怎么来的呢？可以分享一下创作理念和创作过程吗？**
* A：创作 W.KONG 其实也是一个很纠结的过程。拿到两个白模的时候正好赶上实习，每天朝九晚七的实习磨得我筋疲力尽，完全没有灵

感。当时拼命想出了几个想做的主题，但是连个打草稿进行设计的时间和力气都没有，失眠了好几天。后来在我询问画材的时候，一个插画师跟我说"放心涂吧，超解压的"；在我担心时间不够、画不好而想退回一个白模的时候，灌木的小伙伴跟我说"大胆画吧，不够我再给你寄"，我才发现艺术创作是个释放的过程，不应该一点点地把创作者的光芒磨尽。最后我的创作主题设定为"梦想家"。画的内容天马行空，有花叶，有烟雾，还贴上了一点碎丝带，真的是想到什么画什么。我希望每一次创作都能随心，保持最纯粹的想象，希望可以"以梦为马，不负韶华"。

W.KONG 七十二变作品

W.KONG × 酥酥沫——《梦想家》

尽情幻想吧，以梦为马，不负韶华。

008 大力

作 者：大力

个人简介：酷爱卡通动画、奇特的手办和怪兽玩具，重口味轻度患者，喜欢在作品中融入中华传统文化元素和西方街头文化元素，爱好广泛，从乐队、街舞到涂鸦都玩了个遍，最喜欢的还是画画。

出生日期：1985 年 9 月 27 日

居住地：浙江杭州

从事插画创作时间：2013 年

合作过的品牌 / 项目：土豆、天猫、淘宝、京东、周大福、大悦城、魅族、旺旺、腾讯、乐刻、优酷、百威、站酷、星巴克、VANS、MMD、日本剑玉协会、Dino Run、百词斩、火石软件、源子文化、聚划算、网易、安踏、52TOYS、CCTV 等。

★ Q：您创作中使用较多的题材或灵感来源于哪里？可以分享一下创作背后的故事吗？

★ A：我喜欢特摄怪兽文化、街头文化、音乐、街舞及涂鸦。记得我从小学就开始看有关怪兽的电视，而且我巨喜欢玩具；从初中开始接触街头文化，初中正是青春期叛逆的时候，那时候我看大量视频，听大量音乐，也跳街舞和玩涂鸦；同时我也酷爱中国传统文化和神秘学，我所有的创作都和平时的生活爱好有关。

★ Q：可以分享一下您觉得最特别的一次绘画经历吗？

★ A：记得最清楚的一次是我第一次街头涂鸦，而且第一次喷漆上墙，我又怕又累。喷完那个高 1 米、宽 1 米的小东西，晚上去吃夜宵，我累的都拿不起筷子了。

* <u>Q</u>：创作 W.KONG 的"脑洞"是怎么来的呢？可以分享一下创作的理念和创作过程吗？

* A：第一次看到 W.KONG 的时候就觉得，这个耳朵不对称的家伙真奇怪，我必须把它弄成一个小可爱。身为吃货的我首先从食物去发散思维，就想到了左耳的冰激凌和右耳的饼干。然后我选了最有食欲的颜色素体——黄色进行创作。再加上我喜欢的街头元素——大力黄油特工就这么诞生了。

Copyright © 2018 大力 Graphic Design

W.KONG 七十二变作品

W.KONG × 大 力——《黄油特工》

就算是没有感情的"杀手"，也会对美食爱不释手，被心爱的冰激凌浇了一头，还是忍不住想尝尝它的甜。我是黄油特工，一个没有感情的"杀手"。

009 狐狸飞

作 者：狐狸飞

个人简介：自由插画师

出生日期：3 月

居住地：山东青岛

毕业 / 就读院校：长春大学

从事插画创作时间：2010 年

展览记录：BIBF 菠萝圈儿国际插画展；

　　　　　"生活，你好！"当代生活与插画艺术展；

　　　　　2016 年"福星宝宝大梦想家"周大福公益艺术展；

　　　　　"黄油二十四节气 × 二十四插画师"；

　　　　　受联想 YOGA BOOK 的邀请参与插画接力活动；

　　　　　绘美生活——2017 深圳（坪山）当代插画百人展。

★　**Q：您是因为什么契机开始画画的？**

★　A：没有契机，顺其自然，天生喜欢啊。

★　**Q：您创作中使用较多的题材或灵感来源于哪里？可以分享一下创作背后的故事吗？**

★　A：灵感来自生活，生活是最好的题材呢！自从收到 W.KONG 模型后，我构思了很久，与其去想如何画得好看，不如忠于自己内心的声音，去画我想"说"的一切。我喜欢蓝色，虽然它看起来有点忧伤，但至少可以看到一丝希望。因为我经历过低谷，明白生活的不易，所以我在 W.KONG 身上稍微加了一些可爱的心形，毕竟生活需要爱。

* <u>Q</u>：**您最欣赏的艺术家、插画大师或者其他领域的人士是哪位？为什么？**

* A：最近迷上了马蒂斯，每次看了他的作品后我就莫名地心情大好，大概是他的色彩比较明丽吧！马蒂斯写过许多文章分享他对艺术家的一些看法与建议，这些文章对我帮助很大。

W.KONG 七十二变作品

W.KONG × 狐狸飞——《蓝色时期——love》

现实偶尔让人心灰意冷，细微的感动却能让人更拾希望。如果忧郁开始蔓延滋长，就请你守住一颗会感知爱的赤诚之心，让它不被侵蚀，这是获取快乐的秘密法宝。

010 于小鱼

作 者：于小鱼

个人简介：2017 年成为中外美术研究院特聘美术家。擅长以波谱艺术的颜色特点结合低多边形设计元素进行绘画创作，画面颜色丰富，冲击力强，常以这种颜色搭配表达对自然界生物的热爱和对自由的向往，给人耳目一新的视觉感受。

出生日期：1994 年 10 月 22 日

居住地：北京市

毕业 / 就读院校：吉林动画学院

从事插画创作时间：2013 年

出版记录：《中国创意设计年鉴·2016 —2017》。

获奖记录：2014 年在"绚丽年华·第七届全国美育成果展评"中获得一等奖；

2016 年在第八届中国高校美术作品学年展中获得优秀奖；

2017 年入选《中国创意设计年鉴·2016 —2017》并获得银奖。

* **Q：可以跟大家分享一下您常用的画材吗？**
* A：贝碧欧的丙烯颜料，还有一些有趣的综合材料。
* **Q：您最欣赏的艺术家、插画大师或者其他领域的人士是哪位？为什么？**
* A：安迪·沃霍尔、草间弥生、克里姆特、村上隆、大卫·霍克尼和毕加索。最开始就只是很喜欢克里姆特的装饰画风格，他的作品让我

对装饰画有了全新的认识，也让我对装饰画产生了很强烈的兴趣。随后阅读和观看了这些艺术家的各种书籍和视频，这对我的创作有了很大程度的启发。

* Q：您喜欢收藏艺术品、动漫手办或者潮流玩具吗？可以举个例子吗？

* A：喜欢收藏潮流玩具，比如 3A 系列。

* Q：创作 W.KONG 的"脑洞"是怎么来的呢？可以分享一下创作的理念和创作过程吗？

* A：创作灵感来自神秘的宇宙空间。在色彩的搭配上，我选择了一些象征着星空和宇宙的颜色，创作的过程中也加入了很强的流动感，自由自在、若隐若现的银色线条表达了宇宙空间的神秘色彩。在万星璀璨的银河系中，有一颗可爱、自由的粉色星球陪伴在银河系的另一颗星球旁，虽然不能结合为一体，但是可以永恒地传递爱与温暖。

W.KONG 七十二变作品

W.KONG × 于小鱼——《*Pink Star and Galaxy*》

粉色星球陪伴在万星璀璨的银河系的另一颗星球旁，虽然不能合为一体，
但是爱与温暖可以获得永恒。

布林

011 布林

作者：布林

个人简介：自由插画师，LOFTER 资深插画师，深圳插画协会专业会员，花瓣网认证插画师，视觉中国签约供稿人。

出生日期：1989 年 7 月 10 日

居住地：上海

从事插画创作时间：2014 年

获奖记录：艺昕工艺插画大赛三等奖；

第六届全国插画双年展（CIB6）优秀奖；

共青团中央宣传部"我的青春我的梦"主题征集活动一等奖。

合作过的品牌 / 项目：MaxMara、星巴克、全家、德克士、中海地产、嘉宏集团、支付宝、中信银行、海底捞、aiKID、哒哒英语、斯凯奇、万科、安德玛、悦诗风吟、LOFTER、和声机构、苏州绿城春江明月、优步和触宝电话等。

* Q：您创作中使用较多的题材或灵感来源于哪里？可以分享一下创作背后的故事吗？

* A：很多插画师都有自己擅长的题材，我也不知道为什么就只喜欢人物和植物，大概是缘分吧。看人体摄影、逛植物园是我的爱好，也是灵感来源。

* Q：您最欣赏的艺术家、插画大师或者其他领域的人士是哪位？为什么？

* A：喜欢马蒂斯和亨利·卢梭，他们是不同风格的两位大师。我既喜欢野兽派的狂野、放达，又喜欢亨利·卢梭笔下带有复古滤镜般神秘而古老的热带雨林，以及人与自然之间的和谐相处，这些都浸润着幻想的色彩。

* <u>Q</u>：创作 W.KONG 的"脑洞"是怎么来的呢？可以分享一下创作的理念和创作过程吗？

* A：说起这个就很有意思了，我喜欢画人体，我不会回避自己的感受，这次《色即是空》系列的创作也是这样。算起来，我是一个悲观主义者，《色即是空》传达的是我的美好愿景。

W.KONG 七十二变作品

W.KONG × 布 林——《色即是空》

唯愿空色不异，色即是空。空也无，无也无。入于清静，清静也无，得真清静，空色一如。

012 桃崽子

作 者：桃崽子

个人简介：一个除了画画就只会吃和倒腾新鲜玩意儿的桃"二愣子"。

出生日期：1995 年 5 月 1 日

居住地：北京

从事插画创作时间：2014 年

* **Q：您是因为什么契机开始画画的？**
* A：从小喜欢看漫画杂志，喜欢涂涂画画。
* **Q：可以跟大家分享一下您常用的画材吗？**
* A：手稿的话常用秀丽笔、针管笔、彩铅；电子稿的话，目前主要使用 iPad Pro。
* **Q：在创作过程中有什么小癖好呢？**
* A：在任何地方都可以或坐或站地使用 iPad 进行创作，基本上在哪里都可以席地而坐，不太介意他人的评论和目光。
* **Q：在进行创作时，是否会考虑市场以及观众的偏好呢？还是希望能跳脱市场性，赋予作品不同的感觉呢？**
* A：分情况，在创作制作产品或宣传推广所需的作品时会考虑市场及观众偏好，在基于个人"脑洞"进行创作或涂鸦时会放得开一些，想画啥画啥。
* **Q：您喜欢收藏艺术品、动漫手办或者潮流玩具吗？可以举个例子吗？**
* A：对于大型手办之类的，目前还处于了解和观赏阶段，但平时喜欢收集一些有意思、有创新点的小玩意儿。

W.KONG 七十二变作品

W.KONG × 桃崽子——《蜜桃汁 & 辣椒水》

人都有两面性，可能有蜜桃汁的甜美、柔和，也可能有辣椒水的辛辣、刺激。

013 南国夏

作 者: 南国夏

个人简介: 站酷推荐插画师, 站酷海洛专访插画师, 视觉中国签约插画师, 青设学堂人气讲师, 承墨艺术合作插画师, 灌木文化旗下签约插画师, 阿加莎·克里斯蒂"心之罪"系列小说插画作者。

出生日期: 1990 年 1 月

居住地: 上海

* **Q: 您是因为什么契机开始画画的?**

* A: 小时候就喜欢涂涂画画, 但直到高中的时候听同学说学校有画室专门学习画画, 我找到美术老师, 向老师请求了很多次以后才进入了画室并得以学习画画。那时候才知道有素描、色彩这类东西。

* **Q: 可以跟大家分享一下您常用的画材吗?**

* A: 平时都是用台式电脑和手绘板进行绘画, 有时候也会在本子上画素描线稿, 然后用电脑上色。

* **Q: 可以分享一下您觉得最特别的一次绘画经历吗?**

* A: 应该是在画《繁花落梦》系列的时候吧, 那段时间完全分不清现实场景和画中情景。因为完全沉浸在创作中。画中的景色都是我在睡着的时候脑子里出现的场景, 醒来的时候我就赶紧画下草图, 然后再慢慢地丰富画面。那个系列画了很多图, 虽然累, 但一直觉得那样的感觉很自在、很享受。

* Q：在进行创作时，是否会考虑市场以及观众的偏好呢？还是希望能跳脱市场性，赋予作品不同的感觉呢？

* A：我在创作的时候一般都跟随着自己内心的感受，不会因为市场偏好哪些题材、风格我就画什么题材、风格，因为我一直认为跟随内心
  画出来的画更有温度、更有质感。

W.KONG 七十二变作品

W.KONG × 南国夏 ——《星辰》

每颗星都是内心美好的种子，每到夜晚，它们总会熠熠闪耀。即使沉沉睡去，这些种
子依然在我们的身体里生长，并闪耀着光芒。

014 兔纸鱼

作者：兔纸鱼

出生日期：7月3日

居住地：北京

个人简介：小米国际部插画师，擅长创作萌系少女，画风清新，配色粉嫩，画风具有一定的辨识度。

合作过的品牌 / 项目：西双版纳万达酒店、聚美优品、《疯了！桂宝》、《你好！三公主》、bilibili（哔哩哔哩）、喜马拉雅 FM、网易《天谕》手游、网易《梦幻西游》手游、腾讯《龙之谷》手游、天美《绝地求生》手游、《电击文库：零境交错》手游、堆糖网和黄油相机等。

* Q：您是因为什么契机开始画画的？

* A：我两岁的时候开始涂涂画画，四五岁的时候电视上播放《戏说乾隆》，我把里面的人物认认真真地画了出来，这大概是我能记起来的自己最初开始画画的场景。后来因为我家旁边有个大叔开了一家漫画店，我和小伙伴都会去他那里看书。因为喜欢日漫风格的画，就从画一般的儿童画开始转型为画日漫，那时候我还在上小学。

* Q：您创作中使用较多的题材或灵感来源于哪里？可以分享一下创作背后的故事吗？

* A：我画画比较随心，有时候会画梦见的场景，但是大多数时候作画都没有什么目的性，唯一不变的是，我画的人物都长得像我自己。

* Q：您在创作中有自己独特的色彩偏好或者其他特别的创作习惯吗？可以举个例子吗？

* A：我的画比较少女风，配色粉嫩。说到创作习惯，可能是我不喜欢打草稿（因为懒），但是我觉得想到啥画啥，可能画出来的东西更令人惊喜。

* Q: 您最欣赏的艺术家、插画大师或者其他领域的人士是哪位？为什么？

* A：我很博爱，喜欢的作者太多了。非要说一个的话，那就是我的漫画启蒙读物《阿拉蕾》的作者鸟山明。

W.KONG 七十二变作品

W.KONG × 兔纸鱼——《穿水手服的彩虹妹妹好萌鸭》

愿心中永远有城堡和浮岛，有彩虹搭的桥，有冰激凌色的房子，有棉花糖一样柔软的梦。那里住着小小的我，穿着粉红色的小裙子，抬头看着铺满天际的糖果色的星球，不管匆匆忙忙过去多少时间，也永远是童年时候的样子……

015 留留

作 者：留留

出生日期：1994 年 8 月 12 日

居住地：北京

从事插画创作时间：2014 年

出版记录：《十月少年文学》创刊号以及后期出版配图；出版绘本《神奇拉拉书 它是由什么组成的？》。

展览记录：作品《夏天》入围 2016 年 BIBF 菠萝圈儿插画展。

合作过的品牌 / 项目：周大福儿童公益项目、腾讯 99 公益项目、百词斩单词壁纸项目、腾讯 TGC 动画、游戏《部落冲突》小剧场动画、禾博士动画宣传广告等。

* Q：您在创作中有自己独特的色彩偏好或者其他特别的创作习惯吗？可以举个例子吗？

* A：大致喜欢两种色系吧，一种是浓郁的灰色系，另一种是梦幻一些的色系，按照创作题材和心情来选择色彩。我很喜欢充满热带感觉的画面，这种画面的创作还在摸索之中。

* Q：您最欣赏的艺术家、插画大师或者其他领域的人士是哪位？为什么？

* A：插画家几米。几米老师的每一部作品都很有灵性，都有不同的特点和故事，并且充满幻想和爱，能够触碰到人的内心，欣赏其不同作品就像是进入不同的世界。

* Q：在进行创作时，是否会考虑市场以及观众的偏好呢？还是希望能跳脱市场性，赋予作品不同的感觉呢？

* A：如果是商业合作稿件就一定要考虑市场以及观众的偏好，但是私下"摸鱼"或者自己创作其他作品时考虑得会相对较少，更多地是遵

循自己心里的感觉。而且我不太喜欢总是画同一种风格或者同一类色彩的作品，喜欢尝试和变化，希望慢慢找到最适合自己的风格和方向。

★ Q：您喜欢收藏艺术品、动漫手办或者潮流玩具吗？可以举个例子吗？

★ A：最喜欢的潮玩模型品牌是 3A TOYS，它们的造型很酷、很特别。

W.KONG 七十二变作品

W.KONG × 留留 ——《药质恋人》

爱情是火热的、闪亮的，有时候也是病态的、颓废的。将两只玩偶拟成一对情侣，再配以蜡烛和药片等元素，运用丙烯来绘制色彩，

创作出这一对药质恋人。

016 卜先生

作 者：卜先生

出生日期：1993 年 11 月 12 日

居住地：福建厦门

毕业 / 就读院校：鲁东大学

从事插画创作时间：2013 年

展览记录：亲爱的卜先生故事画展。

* Q：您是因为什么契机开始画画的？

* A：传承，爷爷是美术老师。

* Q：可以跟大家分享一下您常用的画材吗？

* A：中华铅笔挺常用的。

* Q： 您创作中使用较多的题材或灵感来源于哪里？可以分享一下创作背后的故事吗？

* A：灵感来源于生活，把生活记录下来，创作的背后就是在生活中细心地发现美。

W.KONG 七十二变作品

W.KONG × 卜先生——《彼此温暖》

寒冬里，雪花片片落下，小萝卜躲在土里瑟瑟发抖，熊看到后将它抱在怀里。小萝卜说："谢谢你给我的温暖。"熊说："不客气，因为你也给了我同样的温暖。"

Grace Suen

017 Grace Suen

作　者：Grace Suen

个人简介：Grace Suen，原名孙丹琪，生于浙江温州，独立插画师，平面设计师，毕业于伦敦艺术大学插画系。

出生日期：1990 年 11 月 1 日

出版记录：《彼得潘》《黑骏马》《草原上的小木屋》《小熊维尼的故事》《故事从来有魔法》《七色花》《小木偶希蒂》等。

获奖经历：2016 年麦克米伦绘本奖金奖；

2017 年 Hiii Illustration 最佳作品奖。

* Q：您是因为什么契机开始画画的？

* A：从小学开始看漫画、看杂志，很着迷，于是就想着自己是不是也能画一下，然后开始尝试。第一幅漫画画的是一位美少女，因为不会画手，还是让老妈代劳的。后来就一发不可收拾，读书的时候课本上、作业本上、课桌上，能画的地方都画满了。画画是我在繁重的课业里最好的喘息，我就是这样一点一点开始（画画）的。

* Q：您创作中使用较多的题材有哪些？可以分享一下创作背后的故事吗？

* A：个人偏爱暗黑或神秘的题材，比如巫术、魔法、异形之类的；我对文艺片和悬疑片也很钟爱。如果是个人创作的话，我经常会忍不住在画面中加入一些非现实和小阴暗的细节。

* Q：在进行创作时，是否会考虑市场以及观众的偏好呢？还是希望能跳脱市场性，赋予作品不同的感觉呢？

* A：这个问题的答案是千人千面，就我个人而言，最理想的状态是既能满足市场偏好，又有自己独特的艺术性。我觉得成功的艺术品应该是二者基本达到平衡。虽然想创作很有个性、很艺术的作品，但又想得到很多人的赏识，这个度不容易把握，我依然在探索着如何去平衡二者。

W.KONG 七十二变作品

W.KONG × Grace Suen ——《怪兽小甜心》

我是一只有着毛茸茸的皮肤和尖尖獠牙的小怪兽，我觉得幸福就是能吃到软糯的甜点、能听着轻柔的绘本诵读声入眠。你呢？

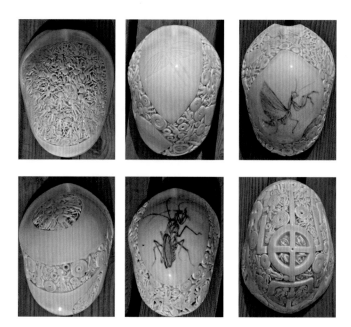

018 郑 勇

作 者：郑 勇

出生日期：1987 年 12 月 24 日

个人简介：天津大学建筑学院博士，清华大学访问学者，天津工业大学艺术与服装学院工艺美术系教师，中国工艺美术学会会员，天津美学协会器物美学分会秘书长，天津美术家协会会员，安徽美术家协会陶瓷艺术委员会委员，安徽省设计艺术家协会会员，安徽省工艺美术名人。
2016 年 5 月《人民日报》新青年版的"青春派·寻找匠心青年"专题以"匠心用作器物魂"为题进行了报道。2017 年 4 月 25 日《中国科学报》第 6778 期第 8 版（科创版）以"从玩泥巴到传播陶瓷文化"为题做了专题报道。央广网、人民网、天津电视台、凤凰网、北方网等主流媒体对郑勇进行过专题报道。他的作品被西南现代民艺馆、广州美术学院美术馆、安徽省美术家协会陶瓷艺术委员会以及私人收藏家收藏。

居住地：天津

毕业 / 就读院校：天津大学

从事插画创作时间：2003 年

* **Q**：您是因为什么契机开始画画的？
* A：自幼热爱美术，一直在做艺术创作。
* **Q**：可以跟大家分享一下您常用的画材吗？
* A：大漆、生漆、泥土和综合材料。
* **Q**：您在创作中有自己独特的色彩偏好或者其他特别的创作习惯吗？可以举个例子吗？
* A：黑、红——中国天然大漆的颜色。

W.KONG 七十二变作品

W.KONG × 郑 勇——《国漆 BABY》

陶瓷、大漆、水墨是中国三大工艺美术，是有 5000 年文化底蕴的物质文化瑰宝。

《国漆 BABY》以犀皮漆的生漆髹饰技法为主要工艺，经过 3 ~ 6 个月的手工髹饰，最终成为具有中国传统味道且独具匠心的艺术作品。《国漆 BABY》以天然生漆为主要原料，它健康、绿色、纯天然，是居家摆放、收藏的首选。

019 郭梅花

作 者：郭梅花

个人简介：郭梅花，1965 年生于山西孝义，国家二级美术师。2013 年创立了个人工作室，由冯骥才先生命名为"梅花剪工作室"。在山西艺术职业学院科研中心工作。2019 年荣获"山西省劳动模范"称号，先后被授予"中国传统工艺美术大师""山西省工艺美术大师"以及"非物质文化遗产项目代表性传承人"称号。现为山西省民间剪纸艺术家协会会长、山西省民间艺术家协会副主席、中国剪纸艺术家学会副会长、中华文化促进会剪纸艺术专业委员会副主任。

出生日期：1965 年 2 月 2 日

居住地：山西省太原市迎泽区

毕业学校：山西艺术职业学院（1998 年至 2000 年 9 月 21 日曾名山西省文化艺术学校），清华大学美术学院（原名中央工艺美术学院）

从事插画创作时间：1980 年

出版记录：先后出版了系列剪纸丛书十多部。主编了《神州心花——全国名家民俗剪纸精品集》《神州心花——中国当代剪纸名家精品集》。

展览记录：多次在国内外举办个展，近年来获得国家级最高奖"山花奖""百花杯"等。

* **Q：可以跟大家分享一下您常用的画材吗？**
* A： 一张红纸，一把剪刀。剪去多余的，留下好看的，就是想要的剪纸花花。
* **Q：您创作中使用较多的题材或灵感来源于哪里？可以分享一下创作背后的故事吗？**
* A： 来源于民间生活体验和对于传统文化的感受。创作就是一种"喜欢"，一种不顾一切的尝试和翻来覆去的折腾，创造出一些让人喜欢的视觉形象。

＊ Q：您在创作中有自己独特的色彩偏好或者其他特别的创作习惯吗？可以举个例子吗？

＊ A：创作中有偏色、有好色才会有风格，有特色才会有价值，要用自己民族的、传统的、吉祥的色彩。我就喜欢运用红、白、黑 3 色的视觉表达方式。

W.KONG 七十二变作品

W.KONG × 郭梅花——《 剪采 》

那花花的眼睛，那花花的嘴唇，戴了个红肚兜，就让人想起了一个神话人物——取经路上的孙悟空。作品的创作灵感源于民间代表生命繁衍的抓髻娃娃。

辛翠平

020 辛翠平

作 者：辛翠平

个人简介：山西省忻州市静乐县盆子水村人，静乐县剪纸和面塑艺术传承人。从小受母亲熏陶，天生巧手，5 岁始学剪花；年纪渐长，作品渐自成一派，手艺精细，造型栩栩如生。擅面塑，精剪纸，已有超过 20 幅剪纸作品被收入静乐县的作品集。

出生日期：1965 年

居住地：山西忻州

* Q：您是因为什么契机开始剪纸的？

* A：小时候因为母亲爱好剪纸，自己也跟着母亲学习剪纸。后来因为母亲去世，想念她，所以我开始剪她剪过的图案，然后自己开始独立创作。

* Q：您如何定义自己的作品风格？有哪些关键事件或者转折点促使您形成了现有风格？未来有想要尝试的新风格吗？

* A：自己的作品以人物故事、乡村生活事件为主要内容，风格受我的母亲、我的老姑妈以及我的二哥影响。

* Q：可以分享一下您觉得最特别的一次创作经历吗？

* A：最特殊的一次创作经历是我第一次在电影里看到了董存瑞烈士后，我把记忆中的英雄做成了作品，这份喜悦至今难忘。

* Q：在创作中有没有什么小癖好呢？

* A：我不希望我的作品中有瑕疵，它们就像我的孩子，我希望每一个都有自己的风格，每一个都独树一帜。

* <u>Q：创作 W.KONG 的"脑洞"是怎么来的？可以分享一下创作的理念和创作过程吗？</u>

* A：创作理念及过程完全来源于生活。我希望更多喜欢剪纸的人以真心去了解剪纸，去学习、去研究其内涵。也希望各艺术人之间有一个诚信对待版权的观念，而不是一味地抄袭。

W.KONG 七十二变作品

W.KONG × 辛翠平——《静静、乐乐、威威》

恬静生长，快乐生活。红红火火，虎虎生威。

021 麦平

作 者：麦 平

个人简介：插画及漫画自由撰稿人，从事插画、漫画、动画和水墨画的创作、艺术策展及其艺术衍生品的开发，有 5 年的绘画教学经验。

出生日期：1981 年 6 月 20 日

居住地：广东深圳

从事插画工作时间：2008 年

展览记录：参加 2018 年"中国梦·文艺情"十人肖像画展，展览地点为深圳市宝安区打铁艺术创意中心；

举办 2018 年麦平意象绘画作品展，展览地点为深圳市宝安区打铁艺术创意中心；

举办 2018 年麦平"绘画与生活"专题讲座，地点为深圳市宝安区群艺馆二楼贵宾厅。

获奖记录：2018 年，作品《深圳未来》获得第十四届来深青工文体节漫画铜奖；

2015 年，参加绘客＋青少年创意艺术展并获得最佳主题创作奖；

2015 年，作品入选首届绘客＋漫画创意年展，作品《森林系列》获最佳应用漫画创意奖；

2003 年，参加湖北省大学生美展，《厨房一角》获得美展银奖。

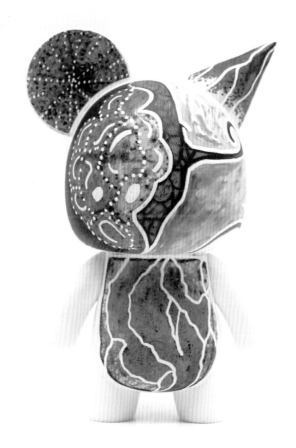

W.KONG 七十二变作品

W.KONG × 麦 平——《微时空》

宇宙星云或许也只是被放大的细胞，生命就是这样神奇地存在着，整个宇宙也许只是你手心里的一滴汗珠。

022 苏 涵

作 者：苏 涵

出生日期：1994 年 2 月 26 日

生 肖："汪"（狗）

星 座：双鱼座

个人简介：开过画室，做过音乐节，喜欢足球。《梦回哈密》系列作品获得"中华文创力量产品大奖"，图案《雀之灵》的应用产品获得"红点设计大奖"优秀奖。喜欢用传统元素来画有新鲜感的作品，愿一切画作平凡而不平庸。

* Q：您创作中使用较多的题材有哪些？可以分享一下创作背后的故事吗？

* A：使用较多的题材是花朵和动物，因为觉得它们很贴近生活，给人亲切的感觉，但要赋予它们有趣的灵魂却很难。

* Q：您在创作中有自己独特的色彩偏好或者其他特别的创作习惯吗？可以举个例子吗？

* A：我喜欢用亮亮的颜色和密集的图案来表达。不亮瞎不算赢！不密集不认输！

* Q：您是如何定义自己的作品风格的？有哪些关键事件或者转折点促使您形成了现有风格？

* A：喜欢用传统元素画出具有新鲜感的作品，愿一切画作平凡而不平庸，这就是我希望展现的风格。可能因为这样随心所欲地画很开心吧，慢慢地就形成了现有的风格。

* Q：您最欣赏的艺术家、插画大师或者其他领域的人士是哪位？为什么？

* A：最喜欢的艺术家是朱塞佩·阿尔钦博托，第一次看到他的作品就觉得"怎么会有这么巧妙的人啊"！

＊ Q：您喜欢收藏艺术品、动漫手办或者潮流玩具吗？可以举个例子吗？

＊ A：无敌爱乐高、反浩克战甲、歼星舰等，每天晚上都会拼一拼，（拼它们时心情简直）美得很。

W.KONG 七十二变作品

W.KONG × 苏 涵 ——《 W.KONG 的后花园 》

酷酷的 W.KONG 有着不止七十二变的本领，同时还有个不为人知的小爱好。终于有一天，我们发现了他喜欢宅在家里的原因，W.KONG 的后花园，原来藏着惊天秘密。

梅精灵、向日葵精灵、君子兰精灵、仙人掌精灵、满天星精灵、睡莲精灵、雏菊精灵、薰衣草精灵和隐藏款竹精灵构成了这套盲盒。以不同的植物代表着人类不同的性格特点。

W.KONG 七十二变作品

W.KONG × 苏 涵 ——《 莲年有余 》

本是画中仙，步步走出，只为佑你，莲年有余。

W.KONG 七十二变作品

W.KONG × 苏 涵 ——《ROCK PANDA》

Let's Rock n Roll!

W.KONG 七十二变作品

W.KONG × 苏 涵 ——《向成功》

中国火箭——科技、制造、升空！

W.KONG 七十二变作品

W.KONG × 苏 涵 ——《转发这条锦鲤 》

想早日脱单？想一夜暴富？想一键变美？来吧！转发这条锦鲤！

W.KONG 七十二变作品

W.KONG × 苏 涵 ——《刺绣侠 》

这一次，换我来守护你。

W.KONG 七十二变作品

W.KONG × 苏 涵 ——《嘎呱哞》

波 牛："有一个问题困扰我很久了：同样都是黑色加白色，为什么受保护名单上只有熊猫没有我呢？"

蛙 哦："人间不值得啊！不值得！"

鸭 力："幼小，可怜，又无助。"

W.KONG 七十二变作品

W.KONG × 苏 涵 ——《戏游记》

唐僧："每到夏天我都离不开它。"孙悟空："师傅，别被它骗了，它是风油精。"

@修丢丢

023 修丢丢

作 者：修丢丢

个人简介：亚洲青年艺术家、卡通 IP 领域知名设计师、"同道大叔"星座卡通 IP 形象主创、原创 IP"丢丢＆呆呆"作者、"小仓鼠 DOREMI"作者，微博 20 万粉丝，单条阅读量 30 万。

出生日期：1988 年 4 月 25 日

居住地：山东威海

毕业 / 就读院校：北京服装学院

从事插画创作时间：2008 年

展览记录：北京服装学院收藏展；第五届亚洲青年艺术家提名展。

获奖记录：北京服装学院收藏作品；"龙行天下"设计作品大赛优秀奖；首届微漫画大赛优秀奖；友基微博漫画大赛最佳人气奖；91 平台最受欢迎原创形象最佳人气奖；第五届亚洲青年艺术家提名展，获"入围青年艺术家"荣誉。

合作过的品牌 / 项目：国家京剧院、良品铺子、韩都衣舍、学而思、壹基金、唯品会、美图秀秀、百度、搜狗、张小盒、十二栋文化等。

* **Q**：您在创作中有自己独特的色彩偏好或者其他特别的创作习惯吗？可以举个例子吗？

* A：喜欢粉色，因为一直有颗少女心吧。

* **Q**：您最欣赏的艺术家、插画大师或者其他领域的人士是哪位？为什么？

* A：我的男神是西班牙建筑师——安东尼奥·高迪，我觉得他是真正的天才。像童话一样的古埃尔公园，像奶油蛋糕一样的米拉公寓，美轮美奂的圣家族大教堂，每一个作品都堪称奇迹。

* Q：创作 W.KONG 的"脑洞"是怎么来的呢？可以分享一下创作的理念和创作过程吗？

* A：收到 3 只 W.KONG 白模公仔，做系列作品时我首先想到的就是点、线、面的题材，因为点、线、面是绘画最基本的三元素，这三元素构成了无数伟大的画作，也蕴含了很多人生哲理。同时，我也想通过这个系列的创作致敬我所爱的画家——吴冠中和蒙德里安。

W.KONG 七十二变作品

W.KONG × 修丢丢——《点线面》

一点点成线，一线线成面，一面面成体。我们是属于不同世界的点、线、面，这一刻的相遇，也许只是生命中一个偶然的交点，一旦错过，便是永远。

024 芜小娴

作 者：芜小娴

个人简介：自由插画师，绘本作者。2014 年冬创立个人工作室并专注于绘本创作至今，2016 年年底开始绘本插画方向的网络教学。

居住地：广东广州

毕业 / 就读院校：英国布莱顿大学（序列设计与插画专业硕士）

合作过的品牌：长期与多家出版社及品牌合作，目前已出版个人绘本作品《秘密蛋糕屋》《简单涂鸦多彩生活——小娴的手绘漫生活》等。

* **Q**：您是因为什么契机开始画画的？
* **A**：很小很小的时候我就很喜欢画画了，长大后发现还能以此为职业好酷，就坚持了下来。
* **Q**：可以跟大家分享一下您常用的画材吗？
* **A**：我常用的画材有好多，因为我主要采用混合媒介手绘的方式作画。但最常用的还是丙烯水彩和彩铅。
* **Q**：您如何定义自己的作品风格？
* **A**：画得较多的都是童话风的画面，毕竟主要是服务于纸媒，画的内容大多是要给小朋友看的。我希望我的画保有童真，充满想象色彩，让看到的人能感到快乐。
* **Q**：您在创作中有自己独特的色彩偏好或者其他特别的创作习惯吗？可以举个例子吗？
* **A**：个人的创作以暖色系为主，因为我希望人们看到我的画觉得是有温度的；但是商业合作的稿件还是要看具体需要的，会根据文案去选择适合的色彩。

W.KONG 七十二变作品

W.KONG × 芜小娴——《星星双子》

我时常守护你，伴你左右，我们像天上的星星和月亮那样形影不离。

025 方鱼

作 者：方鱼

个人简介：画画的，动画专业在读研究生；兼职从事书刊插图绘制、品牌形象及商业插画创作。

出生日期：1995 年 8 月 25 日

居住地：山东济南

就读院校：山东艺术学院

从事插画创作时长：3 年

出版记录：福建少年儿童出版社出版的《拇指班长（彩绘版）》系列图书插图作者；吉林美术出版社出版的《杨鹏首套动物童话》系列图书插图作者；山东教育出版社出版的《幼儿画册》系列图书插图作者；青岛出版社出版的《海边童话》系列图书插图作者。

展览记录：2017 年漫画作品《银铃儿》入选全国动漫美术作品展。

获奖记录：第七届齐鲁国际动漫游戏大赛三等奖；

第八届齐鲁国际动漫游戏大赛一等奖；

第九届齐鲁国际动漫游戏大赛优秀奖。

合作过的品牌 / 项目：好客山东、交通银行、兴业银行、搜狐影视、腾讯公益、中国港口博物馆、宁波天一阁博物馆等。

* Q：您创作中使用较多的题材或灵感来源于哪里？可以分享一下创作背后的故事吗？

* A：在创作中多以自己的亲身经历为主，灵感也主要来源于日常生活的所见、所闻、所感。用插画的形式去记录生活中的点点滴滴是我主要的创作意图。

* Q：您最欣赏的艺术家、插画大师或者其他领域的人士是哪位？为什么？

* A：常玉。"一个人应该活得是自己并且干净"是他的写照，我希望能像他一样，守护着自己那个简单、安静又与世无争的世界。

* Q：创作 W.KONG 的"脑洞"是怎么来的呢？可以分享一下创作的理念和创作过程吗？

* A：创作时我以自己的作品《银铃儿》的主人公为原型，希望能借用 W.KONG 这一不一样的表现形式，把自己的童年表达出来，以此怀念儿时的自然自在。

W.KONG 七十二变作品

W.KONG × 方 鱼——《自然自在》

如云如海如山，自然自由自在；始终像孩子一样保有天真的笑脸和无忧的心。

刘梦婷

026 刘梦婷

作 者：刘梦婷

出生日期：1991 年 7 月 18 日

居住地：北京

毕业 / 就读院校：西安美术学院

从事插画创作时间：2014 年

* **Q：您是因为什么契机开始画画的？**
* A：从小就喜欢画画，我从幼儿园就开始报班学习画画，从未间断。大学学的油画专业，毕业后才开始画自己真正喜欢的东西，我的油画作品中也会透露出插画的影子。

* **Q：您创作中使用较多的题材有哪些？**
* A：我的绘画作品中经常出现宇航员、动物和一个穿红衣服的小女孩。宇航员会带给我一种探索未知的感受，我当下的创作状态也正是一个探索的过程。动物和小女孩经常出现在同一画面中，小女孩有可能是我自己，或者看画的你，动物代表我们周围的关系和环境等。希望我的画能让人们思考一下自己和周边环境的关系。

* **Q：您喜欢收藏艺术品、动漫手办或是潮流玩具吗？可以举个例子吗？**
* A：我和 W.KONG 的相遇就是来自潮流玩具的社区 APP。我很喜欢潮流玩具的手办，喜欢龙家昇老师的 Labubu 系列，这些我都有收藏。它们都是插画师作品的延展，也是我学习和追求的目标。希望 W.KONG 系列能早点进入市场，希望我收藏的公仔队伍壮大起来，哈哈。

W.KONG 七十二变作品

W.KONG × 刘梦婷——《摘下星星送给你》

来自一万年后克卜勒星的"阿唔"族,传说陷入爱河的两个阿唔中如果有一个能去太空外的潘多拉星球摘下一颗星星,放在另一个阿唔的耳朵里,

那么他们就会永远在一起。勇敢的阿唔克服重重困难,最终成功摘星并重返克卜勒星球,得到了全族人的祝福。

CHEESER.

027 CHEESER 管管

作 者：CHEESER 管管

个人简介：喜欢画小狗和男朋友，开了个叫大宇宙的"空壳公司"。

出生日期：10 月 13 日

居住地：江苏南京

毕业 / 就读院校：南京林业大学

从事插画创作时间：感觉自己从未"真正"踏入插画事业

* **Q：您在创作中有自己独特的色彩偏好或者其他特别的创作习惯吗？可以举个例子吗？**

* **A：**我一直偏爱浓郁的色彩，饱和度较高的那种，蛮喜欢三原色的，红色与蓝色的搭配也经常出现在绘画中。山根庆丈和CLAMP对我的用色和人物创作产生了很大影响，也使得我总想在画面中营造某种宿命的感觉。

* **Q：在创作中有没有什么小癖好呢？**

* A：喜欢看着TVB的剧画画，因为特别喜欢香港的缘故，边看港剧边画画会越画越带劲。另外思考的时候我会很自然地舔左上排的牙齿。

* **Q：在进行创作时，是否会考虑市场以及观众的偏好呢？还是希望能跳脱市场性，赋予作品不同的感觉呢？**

* A：我画画其实挺随性的，就是那种想画的时候一定要画的人。我认为作品代表一个人的性格、情绪和生活状态，所以画画的第一要义是自己开心，并不是经常考虑市场及观众的偏好。我的作品虽然只得到了一小部分观众的青睐，但我相当知足，因为大家的喜欢支持我走到了今天。我也希望以后能走得更好。

﹡ Q：创作 W.KONG 的"脑洞"是怎么来的呢？可以分享一下创作的理念和创作过程吗？

﹡ A：这阵子正好读了一些关于日本能面的文章，对面具产生了兴趣，所以立刻用在了 W.KONG 上，蛮过瘾的。

W.KONG 七十二变作品

W.KONG × CHEESER 管管 ——《红焰》

用面具遮住我原本的样子，以火焰的名义照亮混沌。你触摸过红色烈焰吗，那是我的红色心脏。

028 孟 溯

作 者: 孟 溯

出生日期: 1989 年 6 月

居住地: 浙江杭州

从事插画创作时间: 2010 年

展览记录: 2018 年"此时迷径处"孟溯个展（杭州）;

2018 年"Hi21 新锐艺术市集"5 周年展览（北京）;

"筱喻荷枫"中国未来艺术 2017 学院派当代展（北京）;

2017 年"3W COFFICE · 星球"艺术市集（北京）;

2016 年"Wallart 艺术节"官舍站（北京）;

（CIGE 2016）2016 第十二届中艺博国际画廊博览会（北京）;

2016 成都城市艺博会（成都）;

2015 年第三届亚洲青年艺术家提名展（北京）;

2015 年"向海洋致敬"中国当代艺术特展（三亚）;

2014 年，大学生艺博会（北京）;

2015 保利"艺起来"国际艺术博览会（北京）;

2015 年上海环球港 · 艺术展（上海）;

2015 年"西南力量 · 雅昌"当代艺术邀请展（成都）;

2015 年"东方好画家"新锐作品提名展北京第一季（北京）。

* Q：您创作中使用较多的题材或灵感来源于哪里？可以分享一下创作背后的故事吗？

* A：主要来源于生活中碎片化的感觉，有时候看到有趣的东西就会随手勾（画）下来或者拍下来，事后会翻开看，对很有感觉的东西就会画下来。

* Q：创作 W.KONG 的"脑洞"是怎么来的呢？可以分享一下创作的理念和创作过程吗？

* A：因为我创作的基本上都是油画，油画是相对比较严肃的艺术形式，而 W.KONG 的风格可能偏向于潮流动漫，不过我还是延续了创作的一贯风格，从我的油画风格中提取了一个元素。我很开心能做这件事情——这是与我平时的创作不一样的领域，很新鲜。

W.KONG 七十二变作品

W.KONG × 孟 溯——《抱鹅式》

不是大圣，是画中人。

哈哈小子

029 哈哈小子

作　者：哈哈小子

个人简介：自由插画师。2 岁左右发高烧，烧退了可是耳朵却听不见了。爸爸妈妈带我寻遍名医都未能治好，从此我陷入了无声的世界。我妈妈为了让我重拾快乐，开始教我画画。我喜欢上了画画，在画画中找到了久违的快乐。我从 3 岁开始学画画，不管以后发生什么，我对画画的执着追求都永远不会改变，因为是画画把我从黑暗的深渊里拯救出来的。

居住地：天津

获奖记录：2007 年由天津画国人动漫创意有限公司所举办的"童梦再现和平"主题展览活动的创意绘画最佳作品奖；

作品《夏》获得 2009 年视觉中国"社区插画去"活动第三季的最具活力奖；

2009 年第六届金龙奖原创漫画动画艺术大赛入围奖；

2009 年由唐狮携手视觉中国所举办的"我有我的方式 you"唐狮创意 T 恤设计大赛的入围奖；

2009 年"我的 Studio 晒本色 创意大赛"金奖；

2010 年朝阳大悦城吉祥物设计大赛优秀奖。

＊　**Q：可以分享一下您觉得最特别的一次绘画经历吗？**

＊　A：我一直记得 2009 年的处女作品短篇《无声雨我爱你》，因为是第一次画无声的漫画，所以好开心！

＊　**Q：您喜欢收藏艺术品、动漫手办或者潮流玩具吗？可以举个例子吗？**

＊　A：我个人喜欢收藏漫画大家的作品和签名，哈哈哈！潮流玩具都不错啊，只要可爱就买。

＊　Q：您最欣赏的艺术家、插画大师或者其他领域的人士是哪位？为什么？

＊　A：喜欢阿梗，因为她的作品很自然、很吸引我。我会向她学习！

W.KONG 七十二变作品

W.KONG × 哈哈小子 ——《星空冰激凌》

感觉宇宙中间星空冰激凌一定存在！哈哈哈！

030 黑籽白

作 者：黑籽白

个人简介：作品有着独特和诙谐的画风，诸多早期作品则偏向于黑暗风格。随着对生活的感悟慢慢增多，对人生的理解逐渐深入，我的作品表现出自己特有的风格，我的心境也从孤寂走向充实。

出生日期：1986 年 3 月 8 日

居住地：广东广州

从事插画创作时长：十年

出版记录：2007 年 *Art* 杂志刊登作品。

获奖记录：2007 年《花山恋》获得"为中国形象而设计"首届全国高校旅游纪念品设计大赛铜奖。

合作过的品牌 / 项目：2007 年担任 LEE 品牌活动美术指导；2008 年广西科学技术出版社所出版的《漫迷》杂志的漫画作者；2010 年为神界漫画的《80 后小夫妻》创作漫画绘本；2012 ~ 2018 年为各大电子平台（京东、高通等）做广告插图设计。

* Q：您是因为什么契机开始画画的？

* A：从小一直喜欢画画，也基本没停过。虽然前几年有些低谷，停歇了一段时间，最近走出来了，就又开始了创作。

* Q：可以跟大家分享一下您常用的画材吗？

* A：电脑绘制或者是油画工具、水彩和彩铅。

* Q：您创作中使用较多的题材有哪些？可以分享一下创作背后的故事吗？

* A：以前"脑洞"有些大，都是以一些奇奇怪怪的小怪物为原型进行创作，作品中可能还有一些比较血腥类的东西，风格也比较黑暗一些。最近风格有些变化，喜欢画我们家的猫。

* Q：您最欣赏的艺术家、插画大师或者其他领域的人士是哪位？为什么？

* A：穆夏、伊藤润二和寺田克也。我喜欢穆夏的色彩，寺田克也的豪放笔触，以及伊藤润二的黑暗与想象力。

* Q：您喜欢收藏艺术品、动漫手办或者潮流玩具吗？可以举个例子吗？

* A：各式各样的、只要看对眼的都会买回家，比如一些古董娃娃、高达系列、乐高系列等末那的手办。

W.KONG 七十二变作品

W.KONG × 黑籽白——《混沌影像社》

一群打破了时空观念，无时间、无空间概念，分不出白天、夜晚，像在迷幻影像中一般混沌地过着日子的小怪神。

031 saka

作 者：saka

个人简介： 一个"大儿童"。

出生日期：1994 年

从事插画创作时间：2015 年

* <u>Q</u>：您是因为什么契机开始画画的？
* A：小时候起就很喜欢，所以就开始了画画。
* <u>Q</u>：可以跟大家分享一下您常用的画材吗？
* A：我一般使用手绘板和 iPad 来进行绘画。
* <u>Q</u>：您最欣赏的艺术家、插画大师或者其他领域的人士是哪位？为什么？
* A：奈良美智。（因为）他的画中总是带着一股特别的情绪。

W.KONG 七十二变作品

W.KONG × saka——《kaka 和他的伙伴们》

小小伙伴，大大力量 。

032 芥末小 E

作 者：芥末小 E

个人简介：巨蟹座妹子。不久前刚升级为妈妈，一家五口，一儿两狗。平时喜欢画画和吃，所以体重很"感人"。虽然画画很多年，画插画则是近几年的事。喜欢用画笔来记录自己的生活，灵感也来源于生活。一直断断续续地用画记录着，后来便养成了习惯。

居住地：广东韶关

合作品牌：知乎、搜狗、海象理财、极米、雪花啤酒、潘婷、舒肤佳、十二道锋味、东风汽车、玉兰油和 NBA 全明星微信表情等。

* **Q：您是因为什么契机开始画画的？**
* A：爸爸以前是做室内装修的，我从小看着他画图纸，耳濡目染，自己也爱上画画了。
* **Q：可以跟大家分享一下您常用的画材吗？**
* A：以前就是简单地用纸和笔，后来用电脑绘制，比如手绘板和 PS。
* **Q：可以分享一下创作背后的故事吗？**
* A：我自己的记性没那么好，所以用画画来把有趣的事情记录下来，那么等我老了以后，便有一堆堆实质又有趣的回忆。即便得了"老年痴呆"，也能在画里找回年轻的自己。

W.KONG 七十二变作品

W.KONG × 芥末小 E——《守护犬》

每个宝宝都有自己的守护神，希望你的守护神是我，我将用我的一生守你永远保持一颗童真的心，护你平安快乐地长大。

033 任大维

作　者：任大维

个人简介：互联网设计师一枚，永远活在自己的世界里。

出生日期：1990 年 12 月 5 日

居住地：北京

毕业 / 就读院校：中原工学院广播影视学院

从事插画创作时间： 2010 年

合作过的品牌 / 项目：百度魔图、nice.Keep。

* **Q：您创作中使用较多的题材或灵感来源有哪些？可以分享一下创作背后的故事吗？**

* A：喜欢把不搭的东西结合在一起去创作，喜欢怪的东西。自己内心也有比较腹黑的一面吧，所以特别喜欢画一些阴暗的怪娃娃。

* **Q：您如何定义自己的作品风格？有哪些关键事件或者转折点促使您形成了现有风格？未来有想要尝试的新风格吗？**

* A：其实我一直不确定自己是什么风格，只是单纯地喜欢比较怪的东西。未来想把自己比较擅长的矢量插画和一些怪的题材结合起来。

* **Q：您喜欢收藏艺术品、动漫手办或者潮流玩具吗？可以举个例子吗？**

* A：非常喜欢海贼王、数码宝贝！其实我爱的很多玩具都是儿时记忆中的东西，因为小时候买不起这些，所以现在赚钱了就想弥补自己。

* **Q：创作 W.KONG 的"脑洞"是怎么来的呢？可以分享一下创作的理念和创作过程吗？**

* A：其实就是想做 3 个丑萌的形象。希望通过赤裸的身体来把人物本身的缺陷展露出来，也体现出人物怪异的美，没有太多限制。

W.KONG 七十二变作品

W.KONG × 任大维——《原始部落》

他们是生活在地球最古老的村庄中的原始人，他们长相奇特且各异，却拥有相
同的信仰。大大的眼睛表露了他们纯洁的内心。属于他们的原始部落，是他们
终生守护的家园。

柳汽水

034 柳汽水

作者：柳汽水

出生日期：1992 年 3 月 8 日

居住地：福建厦门

从事插画时间：2016 年

合作过的品牌 / 项目：腾讯、阿里、百词斩、时尚 COSMO 和新东方。

* Q：您是因为什么契机开始画画的？
* A：因为毕业没出去工作在家里蹲了两年，每天除了吃饭、睡觉、听音乐、看电影，就只剩画画。对我而言，有了绘画才能达到生命大和谐。
* Q：您最欣赏的艺术家、插画大师或者其他领域人士是哪位？为什么？
* A：横山裕一 、横尾忠则和莫厚切。因为他们做出来的东西都太好看了。
* Q：在创作中有没有什么小癖好呢？
* A：一定要看夸张到不可思议的八点档电视剧，这个算不算？
* Q：您喜欢收藏艺术品、动漫手办或者潮流玩具吗？可以举个子吗？
* A：我喜欢阿童木和气球狗。

W.KONG 七十二变作品

W.KONG × 柳汽水——《*Vessel #2*》

人有灵魂吗？如果有的话，灵魂是被容器装着的吗？那容器又是什么样的？

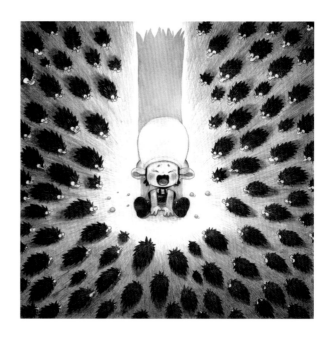

035 陆 颗

作 者：陆 颗

个人简介：童想国艺术创作馆的创始人之一，插画师。

出生日期：1991 年 6 月 1 日

居住地：广西桂林

毕业 / 就读院校：吉林动画学院

从事插画创作时间：2012 年

出版记录：2012 年参与创作《颠倒》独立漫画集。

展览记录："你好，童年！"2017 北京国际亲子教育绘本展。

获奖记录：2009 第四届"天眼杯"中国国际少年儿童漫画大赛特等奖。

* **Q：您是因为什么契机开始画画的？**
* A：从小就发现自己喜欢画画，就一直坚持下来了。
* **Q：可以跟大家分享一下您常用的画材吗？**
* A：我一般都是用铅笔、毛笔、水彩、墨水、丙烯和电脑。
* **Q：您创作中使用较多的题材有哪些？可以分享一下创作背后的故事吗？**
* A：我的创作题材基本是和大自然有关的动物、精灵、植物等。可能是因为我从小在南方的山林里长大，所以对大自然格外地热爱。

* Q：您在创作中有自己独特的色彩偏好或者其他特别的创作习惯吗？可以举个例子吗？

* A：有，不过还是分阶段的，这几年比较偏向于在大量的黑白中加入一点彩色的绘画习惯，还有就是加入金色。

* Q：创作 W.KONG 的"脑洞"是怎么来的呢？可以分享一下创作的理念和创作过程吗？

* A：灵感来自小时候看的《西游记》动画片，孙悟空可以拔下一撮毫毛，变出很多个分身，这点令我印象深刻，所以我设计了这款名叫"分身术"的 W.KONG。

W.KONG 七十二变作品

W.KONG × 陆 颖——《分身术》

拔一根毫毛，吹出猴万个。

BSEN WANG

036 Bsen

作 者: Bsen

出生日期: 1991 年 7 月 10 日

居住地: 浙江杭州

毕业 / 就读院校: 浙江理工大学

从事插画创作时间: 2014 年

出版记录: 插画作品被收入在 2016 年 1 月出版的《插画圈 · 宴 3》画册。

展览记录: 2014 年 5 月 8 日至 7 月 15 日上海的 "插画新势力" 中国新锐插画师联展;

2014 年 5 月 28 日长乐区第四届动漫艺术展。

合作过的品牌 / 项目: 淘宝、京东、红牛、伊利植选、联想电脑、联想 ZUK 手机、北京银行、汇高地产、上海大悦城、《ELLEMEN 睿士》、
《新知》、《知日》、《日和手帖》、*MEANTIME*、阿福熊、ILOVECHOC 服饰、minichoc 服饰、POLA、Daniel Wellington (瑞典手表)。

* **Q: 您是因为什么契机开始画画的?**

* **A:** 小时候就喜欢在本子上涂涂画画，也喜欢在语文书上改造一些插图。因为自己学习成绩并不好，所以在班级里不怎么受老师重视。直
到有一次参加了校黑板报的比赛，给班级拿了一等奖，才开始受到老师器重。于是我在画画方面有了自信，之后只要有美术方面的比赛
都会参加。

* **Q: 可以跟大家分享一下您常用的画材吗?**

* **A:** (我常用的画材是) 铅笔、钢笔和针管笔，都是比较常见的工具，在工具的选择上我还是比较保守的。

* Q：您最欣赏的艺术家、插画大师或者其他领域的人士是哪位？为什么？

* A：清水裕子是我第一眼见到就非常喜欢的插画家。她运用毛笔勾线、电脑上色的手法来绘制插画，构图和透视技法都非常成熟。她的魅力也使我决定以后要成为一个插画老师。

* Q：您喜欢收藏艺术品、动漫手办或者潮流玩具吗？可以举个例子吗？

* A：喜欢收集各种各样的东西，比如可口可乐每年出新包装我都会买，然后放在架子上不喝；也会收集一些特别的手办，比如怪兽、哥斯拉和一些复古的公仔。

W.KONG 七十二变作品

W.KONG × Bsen——《水泥独眼仔》

看似冰冷的水泥只是他的"保护壳"，其实他拥有一颗温暖的心。走近点，
你感受到了吗？

037 李褥褥

作 者：李褥褥

个人简介：四川美术学院水彩专业在读研究生。从记事起就一直喜欢画画和捣鼓一些小手工。高中毕业后考入了美院，学习的专业是水彩画。喜欢水与颜料交融的灵动感及其带来的惊喜，也会用水彩的感觉和笔触来做一些电脑板绘插画。

出生日期：1993 年 2 月 13 日

居住地：重庆

从事插画创作时间：2013 年

出版记录：《第六届重庆市水彩粉画作品集》；

《第六届重庆市美术作品集》。

获奖记录：作品《莉莉安》获第六届重庆市美展优秀奖；

2017 年 IN 节气插画最佳人气奖。

* Q：您创作中使用较多的题材或灵感来源于哪里？可以分享一下创作背后的故事吗？

* A：我喜欢远离城市、出去走走，森林和大海的气息总能让我充满能量，也可以使我的思绪平静下来。生活中的每一件小事都可能是我的灵感来源，我的每一个创作都是在认真地讲一个故事。

* Q：您最欣赏的艺术家、插画大师或者其他领域的人士是哪位？为什么？

* A：弗里达。（因为）她的作品很戳内心。她的一生听起来就像是斯科特·菲茨杰拉德的小说一样引人入胜，她终身与病魔做斗争，却用伤痛缠绕的躯体描绘了绚烂人生。

* Q：创作 W.KONG 的"脑洞"是怎么来的呢？可以分享一下创作的理念和创作过程吗？

* A：我是一个侗族女孩，希望可以把一些侗族的文化艺术元素融入到自己的创作中，因为民族的才是世界的。

W.KONG 七十二变作品

W.KONG × 李褥褥——《腊蓓》

腊蓓，即侗语"姑娘"。左手的你，右手的笔，知己的花衣裳。

038 TUGEN

作 者：TUGEN

个人简介：插画版《小蛆虫找妈妈》故事作者。爱好广泛，包括绘画、玩具、爬山、种植、手作、烹饪等。擅长将各种不着边际的元素混搭在一起，创造出一种充满丰富情感的想象世界。商业作品风格多元，一切以客户需求为出发点，个人创作则以色彩明丽的卡通风格为主，对小怪物题材情有独钟。

出生日期：1986 年 9 月

居住地：浙江杭州

从事插画创作时间：2009 年

合作过的品牌 / 项目：2011 年 7 月与美特斯邦威推出"M.SHOOZ × 启止 – CASUAL"跨界帆布鞋；

2011 年 12 月参加淘公仔设计大赛颁奖典礼；

2012 年 5 月参加新百伦"2012 MORE THAN × WILD CITY TOUR"城市文化巡展；

2012 年 12 月参加"The New World"Qee × 淘公仔 2012 年度设计大赛等。

* Q：您如何定义自己的作品风格？有哪些关键事件或转折点促使您形成了现有风格？

* A：我喜欢画一些小怪物，最初纯粹是好玩，久而久之就形成了自己的风格。

* Q：您在创作中有自己独特的色彩偏好或者其他特别的创作习惯吗？

* A：我喜欢鲜艳明丽的颜色，喜欢一边玩一边画画。

* <u>Q</u>：您喜欢收藏艺术品、动漫手办或者潮流玩具吗？

* A：当然！我喜欢 TOUMA、Gary Baseman、DGPH、David Horvath、SML（Sticky Monster Lab，黏黏怪物研究所）等设计师或设计团队的作品。

W.KONG 七十二变作品

W.KONG × TUGEN——《迷幻星球》

在一片未知的星域，有一颗神秘的星球，它被五彩气流包围着，上面似乎有过文明的遗迹。

JJANG

039 T 酱

作 者：T 酱

个人简介：半自由插画师，手作达人。目前居住在武汉。作品风格清新自然，展现生活的趣味。

出生日期：1990 年 10 月 2 日

居住地：湖北武汉

毕业 / 就读院校：武汉纺织大学

从事插画创作时间：2014 年

出版记录：《十月少年文学》（被称为"小十月"）内插

展览记录："2015 每一天"插画展；海峡两岸插画展；"绘美生活"2017 深圳（坪山）当代插画百人展。

合作过的品牌 / 项目：New Balance、李维斯、百雀羚、湖北美术出版社、天猫、美图秀秀、意味飞行、小树苗、DRAW TOGETHER、澜沧古茶、艾洛互动、哈利小屋 H5 项目、"99 公益日"H5 等。

* Q：因为什么契机开始画画的？

* A：其实现在想想，我也觉得很神奇。2014 年底辞职之后，我在家没事做，就开始随便画一些东西，当时都还不清楚插画的概念。积累了一些作品之后，我投稿给一个公众号。我居然被那个公众号的工作人员访谈了，然后就开始画画，一直到现在。

* Q：可以跟大家分享一下您常用的画材吗？

* A：我常用的画材就是水彩和彩铅，水彩用的是吴竹颜彩；所用的彩铅则有 3 种，得韵的石墨彩铅和露霈马油性彩铅，以及辉柏嘉的水溶彩铅。还会用到的就是普通的水彩纸、水彩本和白卡纸。

*   Q：您在创作中有自己独特的色彩偏好吗？

*   A：我个人比较喜欢让颜色搭配出小清新的感觉。我的作品大多以亮色为主色调，但也想尝试高级灰。我对于色彩很感兴趣。

W.KONG 七十二变作品

W.KONG × T 酱 ——《反差萌》

每个人的内心都住着一个孩子，也都有着彩虹般柔软的梦。即使有着坚强的外表，
却也藏着一颗柔软的心。

040 黄 黄

作 者：黄 黄

个人简介：毕业于沈阳师范大学对外汉语专业，结业于中央美术学院中国画高研班，沈阳市美术家协会会员。自幼学习中国画，热爱古典舞，尝试过话剧和主持。现为教育工作者，喜欢把自身所学传播给孩子们，用画笔来描绘多彩生活。2013 年至今，一直热心参与"爱之光"的慈善和志愿服务，连续 3 年为"爱之光"慈善晚宴捐赠国画作品。

出生日期：1991 年 11 月

居住地：北京

从事插画创作时间：2017 年

* Q：您是因为什么契机开始画画的？
* A：姑姑是画国画的，所以我小时候就稀里糊涂地开始画国画，后来画画便成了我的一种生活习惯。
* Q：您最欣赏的艺术家、插画大师或者其他领域的人士是哪位？为什么？
* A：最喜欢青年舞蹈家王亚彬，她能够坚持做纯粹的艺术，而且是一位对生命有着深度思考的舞蹈艺术家。当年她为了可以跳好古典舞《扇舞丹青》，特地去中国美术馆看展览，去研究丹青和扇舞如何融合起来。艺术之间是相通的，她是我的偶像，更是榜样。
* Q：创作 W.KONG 的"脑洞"是怎么来的呢？可以分享一下创作的理念和创作过程吗？
* A：我从小喜欢国画和中华民族的其他优秀文化，所以选取了写意梅花元素；另外蓝色部分纹饰的灵感则来自在澳门所看到的中西结合的玻璃展览。我想表达的是我对中华文化的坚持，也是我把中西文化结合起来的一种尝试。我希望中华文化可以传播给更多的人。

W.KONG 七十二变作品

W.KONG × 黄 黄——《*Momo King*》

梅花写意，琉璃花窗，东方秘境与西洋情愫交织，光影迷离间忽然想起那个叫 Momo 的姑娘。

041 弥 雾

作 者：弥 雾

个人简介：自由插画师，自由手工艺人。擅长明亮系配色的插画，喜欢绘画与手工，是个经常发呆的人。

出生日期：1995 年 2 月

居住地：山东潍坊

毕业 / 就读院校：中南大学

从事插画创作时间：2016 年

出版记录：2016 年参与"百词斩阅读计划"为《纳尼亚传奇：黎明踏浪号》绘制插画；2017 年参与 DESIGNERBOOKS 出版社的图书项目"FANTASITIC ILLUSTRATION"。

展览记录：2018 年"以梦为马"猫的天空之城概念书店第 8 届插画比赛作品展。

获奖记录：2017 年获得猫空第 8 届插画比赛二等奖"追梦人"荣誉称号；

获得 2018 大艺时代全国原创插画设计大赛优秀作品奖 。

* Q：您在创作中有自己独特的色彩偏好或者其他特别的创作习惯吗？可以举个例子吗？

* A：我比较喜欢鲜艳、明亮的颜色，所以调色速度很快，喜欢涂鸦。每天在草稿本上涂鸦的时候很放松，因而会冒出很多新点子，其中有很多点子都成为了之后绘画的灵感。

* Q：在进行创作时，是否会考虑市场以及观众的偏好呢？还是希望能跳脱市场性，赋予作品不同的感觉呢？

* A：会考虑市场和观众的偏好。特别是我刚开始进行创作的时候，发到社交网站后就特别关注反馈，虽然现在也是。偶尔在练习的时候我会放开去画自己喜欢的，也不关心别人的评价。但是我觉得自己目前还没有足够的能力持续创作跳脱市场性的作品，所以还是会考虑市场及大众的偏好。

* Q：创作 W.KONG 的"脑洞"是怎么来的呢？可以分享一下创作的理念和创作过程吗？

* A：因为我很喜欢花，觉得它自由又绚烂，但是花朵美好的时间太过短暂，所以我经常忍不住在画面上加入花朵的元素，幻想这样可以留住它们一刻的美好。这次 W.KONG 公仔一拿到手，我最先冒出的念头就是充满生机的花园，想把这一大片花园定格在小小的公仔上，让这份美好被更多人看见。

W.KONG 七十二变作品

W.KONG × 弥 雾——《生长花园》

埋放一颗闪烁的星，它就在这里和花一同生长。

江水颖

042 沫汨

作 者：沫 汨

个人简介：画过壁纸、杂志封面、内页插画，目前为珠宝公司插画师。

出生日期：1991 年 3 月 3 日

居住地：福建福州

毕业 / 就读院校：福建工程学院

从事插画创作时间：2013 年

合作过的品牌 / 项目：in、美图、本田。

* Q：您是因为什么契机开始画画的？
* A：当时大学要毕业了，想着要找一份工作，发现自己最喜欢的事还是画画，就开始拿起画笔工作。能这样工作也是一件幸福的事。
* Q：您创作中使用较多的题材或灵感来源于哪里？可以分享一下创作背后的故事吗？
* A：我感觉自己所画的都是自己心里想说的话。因为本人很内向，不善言辞，所以用画来表达。
* Q：您在创作中有自己独特的色彩偏好或者其他特别的创作习惯吗？
* A：喜欢用偏暗色系的色彩来作画。
* Q：您如何定义自己的作品风格？有哪些关键事件或者转折点促使您形成了现有风格？未来有想要尝试的新风格吗？
* A：我的画被很多人评价为很阴郁，希望画出更多让人觉得喜欢、阳光一点的画。

W.KONG 七十二变作品

W.KONG × 沫汨——《草房子》

草房子是我打开时光机器的"钥匙"，是我的秘密基地，只有这里能让我止住难过委屈时的哭泣。虽然我已经长成大人的模样，还是希望能像孩子一样拥有遗忘的能力。

啜泉

043 啜 泉

作 者: 啜 泉

出生日期: 1985 年 6 月 12 日

居住地: 上海

毕业 / 就读院校: 广西艺术学院

从事插画创作时间: 2008 年

合作过的品牌 / 项目: 连卡佛、李宁、周大福、优衣库、H&M、UR 和 WECTMONO。

* Q: 您创作中使用较多的题材或灵感来源于哪里? 可以分享一下创作背后的故事吗?

* A: 我创作的灵感主要来源于生活中所观察到的事物, 此外也可能是一句话, 或者是一种抽象的形态。作品可以表达一个人的情感。不同的绘画方式会带来不同的视觉效果。

* Q: 您在创作中有自己独特的色彩偏好或者其他特别的创作习惯吗? 可以举个例子吗?

* A: 其实黑白、彩色、写实或者概念, 这些都只是我想尝试的形式, 我喜欢用不同的表现形式来表达我的感受。在黑白画面里, 我会用点、线、面来营造我心中的五彩世界; 而在彩色世界里, 我追求一种久违的和谐统一。

* Q: 您如何定义自己的作品风格? 有哪些关键事件或者转折点促使您形成了现有风格? 未来有想要尝试的新风格吗?

* A: 作品风格是一个人对艺术本质认知的定格。我想我的作品呈现出多样性, 游离在色彩之间, 原因有两个: 一方面我还处于个人的探索阶段; 另一方面我还在创作适合市场的产品。风格能在很大程度上影响一个人的发展, 此外市场也需要具有辨识度的风格, 以此来确认某个艺术家的作品。

✱　<u>Q</u>：您最欣赏的艺术家、插画大师或者其他领域的人士是哪位？为什么？

✱　Ａ：草间弥生。她的"波点就是生命"的风格很动人。

W.KONG 七十二变作品

W.KONG × 啜 泉——《梦想娃娃》

最简单的快乐是追寻阳光的味道。闭上眼，脑海中深刻的记忆，只是那时贪恋的窗外风景。你在人群中奔跑，邂逅了爱。心中的梦，在某一个明天终将绽放。

044 soul

作 者：soul

个人简介：一个既爱胡思乱想又热爱生活的双鱼座。认为插画比本人更会讲故事。

出生日期：1993 年 3 月 15 日

居住地：浙江

毕业 / 就读院校：中国美术学院

从事插画创作时间：2016 年

展览记录：2018 年天津和平大悦城携手 CandyBook 举办的"AR Talking 探索画外的未知"AR 画展；香港大公艺术展览。

合作过的品牌 / 项目：雀巢公众号，支付宝长图故事；悦诗风吟圣诞节活动，波士顿医疗公众号。

* Q：在创作中有没有什么小癖好呢？

* A：我喜欢在一个让自己感到舒服的环境里进行绘画。如果外面下着雨，我会播放自己整理出来的适合下雨天听的歌单。

* Q：在进行创作时，是否会考虑市场以及观众的偏好呢？还是希望能跳脱市场性，赋予作品不同的感觉呢？

* A：我觉得这个一直是很难回答的问题，我也会不断地去摸索这两者能不能相互结合，或者说是找到一个平衡点。但肯定是有舍有得的，看自己追求的方向吧。

* Q：可以跟大家分享一下您常用的画材吗？

* A：我用手绘板绘画比较多，会去研究一些笔触感，希望能实现手绘的肌理效果。

W.KONG 七十二变作品

W.KONG × soul——《梦境入场者》

梦境不需要入场券：当你进入后，你不知道下一秒会遇到什么，一切都是未知数；可当你醒来、试图回想时，一切又好似并没有发生过。

045 阿 星

作 者: 阿 星

个人简介: 一名"家里蹲",自由插画师。

出生日期: 1990 年 8 月 18 日

居住地: 浙江杭州

毕业 / 就读院校: 中国美术学院（本科），浙江理工大学（硕士）

从事插画创作时间: 2015 年

获奖记录: 2013 年获得中国美术学院毕业创作铜奖；

2013 年获得第二届中国国际青少年动漫与新媒体创意大赛动画创作类二等奖；

2015 年入围第二十七届信谊幼儿文学奖图画书创作奖。

出版记录:《傲慢与偏见》、《假如给我三天光明》、《鲁冰逊漂流记》、《鲁鲁》、《红蚂蚱绿蚂蚱》、《九月公主与夜莺》、《三洞山》（封面绘制）、《王尔德故事集》、《绿野仙踪》、《从新德里到布罗斯》（封面绘制）等。

* **Q: 您是因为什么契机开始画画的?**

* A: 我父亲是（动画里的）一个原画师，受父亲的影响，我打小就喜欢看动画片，也喜欢在纸上涂涂画画，自己编着故事和自己玩。长大之后就顺理成章地去了科班学习，总的来说我的绘画之路还是挺顺遂的，我这一路都心怀感激。

* **Q: 可以跟大家分享一下您常用的画材吗?**

* A: 各种材质的不同肌理我都喜欢，所以并没有固定使用哪种画材，多数情况下我会用不同的材质做出想要的肌理效果，再扫描到电脑里

进一步创作。

* Q：您在创作中有自己独特的色彩偏好吗？

* A：我的色彩偏好和情绪有关吧，想要平静的时候，会画蓝色调，情绪比较跳跃的时候则会画黄色调或者粉色调。

W.KONG 七十二变作品

W.KONG × 阿 星——《不笑男孩》

沉浸在虚拟探险活动里的男孩，为何你的脸上没有笑容。

046 八镜三十一次

作 者：八镜三十一次

个人简介：一个希望画画画到老的家伙！

出生日期：1984 年 8 月 31 日

居住地：山西太原

从事插画创作时间：2007 年

* **Q:** 您是因为什么契机开始画画的？

* **A:** 其实我从很小就开始画画了，但是从 2007 年看了田中伸介的《当天使飞过人间》之后我才开始想着系列地画自己的东西。

* **Q:** 您创作中使用较多的题材或灵感来源于哪里？可以分享一下创作背后的故事吗？

* **A:** 因为受《当天使飞过人间》的影响比较大，所以目前的题材都跟动物、日常生活相关，比如我之前画的"西西和他的伙伴"系列，其中有一张骑猪的画的灵感就来源于我童年时在农村生活的亲身经历，哈哈。

* **Q:** 在进行创作时，是否会考虑市场以及观众的偏好呢？还是希望能跳脱市场性，赋予作品不同的感觉呢？

* **A:** 目前为止自己画的东西还是比较自我，还没有到跳脱市场的阶段，我希望自己之后的创作能考虑得更多一些。

* **Q:** 创作 W.KONG 的"脑洞"是怎么来的呢？可以分享一下创作的理念和创作过程吗？

* **A:** 之前给一部关于机器人的小短片做前期设计，这次 W.KONG 的设计灵感来源于那部片子。这个作品讲述了 577 号机器人，生产于颓废的摩登时代，孤独、程序化融化在它体内的机油里……

W.KONG 七十二变作品

W.KONG × 八镜三十一次——《机器人 577 号》

577 号，生产于颓废的摩登时代，孤独、程序化融化在身体的机油里。

047 曾亦心

作 者：曾亦心

个人简介：ACAA 认证的高级商业插画师，Artand 推荐艺术家。

居住地：上海

展览记录：2017 年第二届全球插画奖 (Global Illustration Award) 获奖作品展（苏州）；

2018 年全国插画双年展 (CIB6)（深圳，关山月美术馆）。

获奖记录：全球插画奖 2017 " Nomination"（提名奖）；

Hiii Illustration 2017 "Best of the Best"（最佳作品奖）；

Hiii Illustration 2017 "Merit Award"（优秀作品奖）。

合作过的品牌：*The New York Times Travel Magazine*、梅赛德斯 - 奔驰、Damiani、星巴克、思加图、保乐力加中国、必胜客、舒蕾、成都远洋太古里、万科美好家、阿里巴巴、中国国际航空公司、东原地产、中国平安、招商银行等。

* **Q：您是因为什么契机开始画画的？**

* A：我从小就喜欢画画，高中接受了专业的美术教育，大学也在画插画，自然而然就成了插画师。

* **Q：您创作中使用较多的题材或灵感来源于哪里？可以分享一下创作背后的故事吗？**

* A：我的创作灵感来自多个方面，也许是看了某场电影，也许是在路上看到某个穿着很酷的人，这些都会激发我的创作欲望。插画和漫画、连环画有所不同，我认为好的插画是会讲故事的，它是用一个定格的画面去描述一个场景或者概念，所以构图和色彩就显得尤为重要了。并且好的想法也是一幅作品好坏、成败的关键。

* Q： 您最欣赏的艺术家、插画大师或者其他领域的人士是哪位？为什么？

* A： 我欣赏的艺术家有很多，例如大卫·霍克尼和冯索瓦·史奇顿。史奇顿所创造的场景相当震撼，让我望尘莫及。

W.KONG 七十二变作品

W.KONG × 曾亦心——《臆想症》

思维敏捷、性情敏感多疑的星球探索者，带领我们去到现实以外的神秘世界。

048 杜番茄

作 者：杜番茄

个人简介：一个"十八线"的摩羯座画手。

出生日期：1995 年 1 月 7 日

从事插画创作时间：2015 年

合作过的品牌 / 项目：悦诗风吟圣诞音乐盒；"玩石音乐节"贴纸。

* **Q：**您是因为什么契机开始画画的？

* **A：**高中时因为朋友说要去学画画，我就也跟着去了，就这样开始画画并一发不可收拾。

* **Q：**可以跟大家分享一下您常用的画材吗？

* **A：**现在基本都是用 iPad 画画，方便！

* **Q：**您喜欢收藏艺术品、动漫手办或者潮流玩具吗？可以举个例子吗？

* **A：**我一般会买 Sonny Angel，还有一些其他的潮流玩具。还特别喜欢扭蛋、抓娃娃。

W.KONG 七十二变作品

W.KONG × 杜番茄——《番茄少女》

切片番茄，红白路障，番茄少女要发射爱心啦！

049 张瑞雪

作 者：张瑞雪

个人简介：毕业于北京工商大学艺术设计系，曾担任杂志社美术编辑 7 年，现为全职妈妈。

出生日期：1981 年 11 月 24 日

居住地：湖南长沙

从事插画创作时间：2006 年

* **Q：您是因为什么契机开始画画的？**
* A：从小受父亲引导。
* **Q：可以跟大家分享一下您常用的画材吗？**
* A：丙烯颜料。
* **Q：您创作中使用较多的题材或灵感来源于哪里？可以分享一下创作背后的故事吗？**
* A：灵感大多来源于两个儿子，我想把孩子可爱的一面用画记录下来。
* **Q：您在创作中有自己独特的色彩偏好或者其他特别的创作习惯吗？**
* A：我喜欢亮丽的颜色，喜欢用黑色勾线，还喜欢先画人脸。
* **Q：您如何定义自己的作品风格？有哪些关键事件或者转折点促使您形成了现有风格？未来有想要尝试的新风格吗？**
* A：我的风格是可爱风，因为我的创作灵感大多来自于两个儿子，其中小儿子长得比较可爱，头型形象也很生动，露出两颗大门牙，很有
  意思。未来想尝试画系列产品，走淡雅、清新的路线。

W.KONG 七十二变作品

W.KONG × 张瑞雪——《鱼妖孽》

美丽的凤眼，倒心形的鼻子，一扇漂亮的圆耳朵，一只鱼妖化身成公仔，来到地球游玩。

050 罗阅章

作 者：罗阅章

个人简介：受外公及父母影响，3 岁开始喜欢涂涂画画。

出生日期：2011 年 6 月 7 日

居住地：湖南长沙

从事插画创作时间：2014 年

合作过的品牌 / 项目：三联书店（为其 2018 年 10 月份出版的《中国守艺人·一〇八匠》题写书名）、京东（为 2018 京东贺岁视频题写"2018，京东旺万家"）、雅债（为其 2018 年新年礼盒题字）。

* Q：您是因为什么契机开始画画的？
* A：刚懂事的时候偶尔去看妈妈画画，再加上爸爸、妈妈的鼓励和引导。
* Q：可以跟大家分享一下您常用的画材吗？
* A：墨、中国画颜料和彩铅等。
* Q：您创作中使用较多的题材有哪些？
* A：宇宙、星球、公仔和家人。
* Q：在创作中有没有什么小癖好呢？
* A：喜欢用左手来画。

W.KONG 七十二变作品

W.KONG × 罗阅章——《三眼公仔人》

穿红短裤、正在换牙期的三眼公仔人门牙掉了一颗，啊……他有点伤感。

猫力先生

051 猫力先生

作 者：猫力先生

个人简介：是个爱画画的好人。

出生日期：1990 年 9 月 30 日

居住地：北京

毕业 / 就读院校：山西传媒学院

从事插画创作时间：2013 年

* Q: 您是因为什么契机开始画画的？

* A: 我第一次画画是在墙上，那时候大概 4 岁。因为我姥爷就是一个画家，所以我就受到他的影响，从小对画画感兴趣。青春期的时候，我开始看《龙珠》，由于那时候穷啊，别的动漫都看不到，只有《龙珠》或者《中华小当家》这些可以看到，所以我就开始临摹《龙珠》漫画的人物。后来我闭着眼都能完整地画出弗利萨、布欧等人，彻底爱上了画画。

* Q: 您创作中使用较多的题材或灵感来源于哪里？可以分享一下创作背后的故事吗？

* A: 多看书、多看报、多看看网络"边角料"！灵感从来都不是憋出来的，可能有时候聊聊天，突然就有灵感了；有时候看某人的视频，来灵感了；而那些仅仅是蹲在马桶上、洗个澡就来灵感的人，我认为不是天才就是蠢材。所以，我没有你想知道的故事，生活中我本就是个沉默寡言的人。

* Q: 在创作中有没有什么小癖好呢？

* A: 在画画的时候，我喜欢看情景喜剧，或者听说书。我可以做到一心二用甚至三用，但是如果在那里闷头画画，我可能会发疯。

W.KONG 七十二变作品

W.KONG × 猫力先生——《科学怪人》

我们没有选择生命的权利，但我们有守护生命的责任。我浴血重生，当黑暗势力再次卷土重来时，我还会出现在那里，为了保护生命而战斗，我是父亲的儿子，弗兰肯斯坦。

W.KONG 七十二变作品

W.KONG × 猫力先生——《致敬 KAWS》

神经、大脑等各种组织和器官代表着对生命的敬畏。

W.KONG 七十二变作品

W.KONG × 猫力先生——《瑞兽》

我的哀歌和韵律

从窗台穿过残缺的月影

常常生长在封冻的冰面上

思念日日伫藏在缺氧的冰柜里

在荒凉一片的巨大白冰石之下

在狂风肆虐的茫茫冰雾之上

这残阳下不眠的狂狮

将血红的心封杀在无语的光里

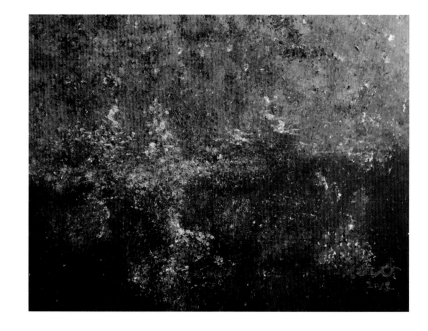

052 米尼

作 者：米尼

个人简介：中国上海 80 后新生代青年女艺术家。以抽象、印象派系的油画、丙烯画为主。师从旅法油画家方世聪、旅美油画家夏葆元等多位著名油画家。西班牙画家与雕塑家协会会员。曾多次在国内外艺术比赛中得奖，参加北京流浪美术馆群展。多幅作品被企业和个人珍藏。同时，作品在搜狐、百度、今日头条、新浪微博都有转载刊登。

出生日期：1981 年 12 月 9 日

居住地：上海

毕业 / 就读院校：上海财经大学

展览记录：2018 年 4 月 入选 "行·色" 北京艺术展；

2018 年 6 月 入选 "又见爱丽丝" 北京特展；

2018 年 7 月 入选《中国美术报》主办的 "廿八星团国际艺术联盟当代艺术展"（《艺术世界美术报》第 63 期微展）。

* Q：您是因为什么契机开始画画的？

* A：一次参观美术馆，我被凡·高的《星空》所吸引，然后细致地了解了很多关于印象派的历史，发现原来还可以这样画画。我觉得印象派的画非常的浪漫又随意，就像诗歌一样，遂在摸索中慢慢地形成了具有自我意识特征的印象派画风。

* Q：您在创作中有自己独特的色彩偏好或者其他特别的创作习惯吗？可以举个例子吗？

* A：因为油画和印象派的表达都是以独特的色彩语言来述说看到或者感受到的艺术想法，如果画成照片或者类似超写实主义流派的作品，我觉得就没有自己的情感了，所以我一直想做的就是表达自己的内心感受。创作习惯的话，我只想说：真实的艺术来自生命的启示。

✳ Q：创作 W.KONG 的"脑洞"是怎么来的呢？可以分享一下创作的理念和创作过程吗？

✳ A：正在创作以敦煌为主题的抽象画作时，我接到创作 W.KONG 的邀请，也询问了相关人员，得知目前没有创作人员从这个主题入手（所以我以"敦煌"为主题来创作 W.KONG）。我觉得这是种不同的尝试和碰撞，就像小熊掉进了敦煌异彩中一样。

W.KONG 七十二变作品

W.KONG × 米尼——《敦 煌》

不同的尝试和碰撞，就像小熊掉进了敦煌异彩中一样。

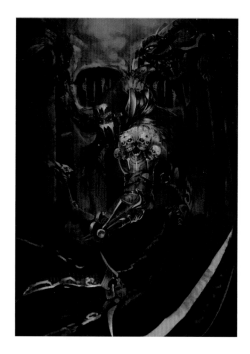

053 吕环宇

作 者：吕环宇

个人简介：插画师，原画师。2011 年受业于北京子弹插画工作室的插画家毕泰玮。2012 年进入《天外飞仙》客户端游戏项目组，担任原画师。2014 年于北京德国 ART 担任插画师。2016 年加入山西梓楠文化艺术有限公司，担任原画师。

出生日期：1987 年 7 月 10 日

居住地：山西太原

毕业 / 就读院校：太原理工大学

从事插画创作时间：2010 年

合作过的品牌 / 项目：《天外飞仙》端游、《WEB GAME》。

* Q：您是因为什么契机开始画画的？

* A：锄头和画笔相比较，还是拿画笔比较省力气。爱好是主要原因吧。

* Q：可以跟大家分享一下您常用的画材吗？

* A：Wacom 数位板、A4 纸和铅笔，工作以后很少用到其他传统画材。

* Q：您创作中使用较多的题材是什么，灵感来源于哪里？可以分享一下创作背后的故事吗？

* A：工作中使用什么题材一般都听甲方的，自己创作就大部分还是偏向插画的题材。灵感来源应该就是多听故事，以及看各类游戏、影视作品。

* Q：您最欣赏的艺术家、插画大师或者其他领域的人士是哪位？为什么？

* A：插画家毕泰玮和台湾插画家 Evan Lee，因为前者是我的老师，后者是我崇拜的对象。

W.KONG 七十二变作品

W.KONG × 吕环宇——《绿小僵》

以人物角色为载体，单色涂装后再加木纹，传达出对环保的珍视。

W.KONG 七十二变作品

W.KONG × 吕环宇——《守护》

跨越星际时空，是谁来守护地球？

是谁在守护你？

054 申晓骏

作 者：申晓骏

个人简介：山西灌木文化传媒有限公司原创部门经理。

出生日期：1990 年 2 月 21 日

从事插画创作时间：2008 年

获奖记录：2012 年参与制作的动画《名城太原》获山西省第四届动漫艺术节动漫原创作品大赛系列动画二等奖；

2013 年参与制作的动画《贫女乞斋》获山西省第四届动漫艺术节动漫原创作品大赛动画短片二等奖；

2015 年负责湖南卫视《爸爸去哪儿第三季》整季网络海报项目；

2015 年负责浙江卫视《奔跑吧兄弟》网络海报项目；

2015 年负责中央电视台少儿频道《第一动画乐园——给宝贝画童年》整季条漫创作；

2016 年文化和旅游部振兴传统工艺项目——新疆哈密刺绣的主创人员；

2016 年 10 月入选国家文化双创人才库；

2018 年参加"打造梦娃形象，同心共筑中国梦"形象设计大赛一等奖。

* **Q：您是因为什么契机开始画画的？**

* A：因为我 3 岁起喜欢乱画，所以父母给我报了兴趣班，就这样一直学到了大学。

* **Q：可以跟大家分享一下您常用的画材吗？**

* A：SAI、PS 和 Ai。

* Q：您如何定义自己的作品风格？有哪些关键事件或者转折点促使您形成了现有风格？未来有想要尝试的新风格吗？

* A：传统与时尚结合的概念始终贯穿于我的作品当中。对传统文化的喜爱，还有黎贯宇老师的点拨，促使我形成了现有的风格。未来我还会坚持这种风格，也会尝试新潮一些的风格。

W.KONG 七十二变作品

W.KONG × 申晓骏——《W.MAN》

各种各样的经历把 W.MAN 的人生"涂鸦"成五颜六色，多希望鲜艳的颜色还能再多一些！！

W.KONG 七十二变作品

W.KONG × 申晓骏——《梦想家》

中国火箭——向蓝天，向未来，向成功！

055 王萍

作者：王萍

个人简介：诚恳到"发光"，只会一种"骗"——"照骗"。

出生日期：1993 年 12 月 10 日

居住地：山西太原

毕业 / 就读院校：山西传媒学院

从事插画创作时间：2015 年

合作过的品牌 / 项目：《龙头凤尾》小说宣传插画、"醒醒妈妈"公众号插画、甲护宣传漫画、宁波商业综合体 19 区造型延展。

* **Q：您在创作中有自己独特的色彩偏好或者其他特别的创作习惯吗？**

* A：我喜欢有趣而丰富的绘画内容。由于我自己喜欢看老电影和老电视剧，喜欢画一些怀旧主题的插画，又希望添加些搞笑的点子，所以我会用有趣的画风把它们重新表现出来。

* **Q：您最欣赏的艺术家、插画大师或者其他领域的人士是哪位？为什么？**

* A：我最喜欢的插画大师是韩国的"人肉打印机"金政基。我发现他看似随意的线条中饱含了他对所画之物的动态与形体的深刻理解和熟练掌握。

* **Q：可以分享一下您觉得最特别的一次绘画经历吗？**

* A：我大三的时候画的《贫僧有话说》微信表情包自己上架了，亲朋好友疯狂下载、使用，让我第一次感到自己的画能够让更多人看到是一件多么棒的事情，也让本来打算放弃画画的我有动力继续创作下去。

* Q：创作 W.KONG 的"脑洞"是怎么来的呢？可以分享一下创作的理念和创作过程吗？

* A：我喜欢玩扑克，不过总是输得很惨，所以我创作了以扑克王国为主题的 W.KONG，来表达我一向纠结的内心。

W.KONG 七十二变作品

W.KONG × 王 萍——《扑克王国》

扑克王国系列公仔分为英雄、日月两个派别。

英雄是 J、Q、K，日月为大、小王。大、小王于 19 世纪中期作为额外的牌附加进来，变化多端且没有固定的形态，初来乍到便碾压扑克王国的元老们，更是凌驾于 J、Q、K 之上。久而久之日月与英雄分成了两派。

注意事项：拥有者千万不可冒险地将两派的大佬们放在一起，太危险了！

W.KONG 七十二变作品

W.KONG × 王 萍——《侏罗纪》

地球曾经的统治者们从侏罗纪穿越而来，弱肉强食的丛林法则已经成为历史。为了在这个全新的时空笑着活下去，这一次，各路恐龙决定和平共处。

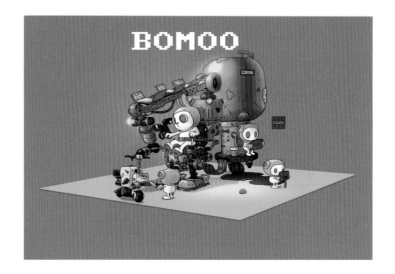

056 郑 博

作 者：郑 博

个人简介：画画虽有 10 年，但从前一直做游戏，近一年才开始搞些创作。

出生日期：80 后

居住地：上海

毕业 / 就读院校：山西传媒学院

从事插画创作时间：断断续续

* Q：可以跟大家分享一下您常用的画材吗？

* A：电脑和马克笔。

* Q：您在进行创作时，是否会考虑市场以及观众的偏好呢？还是希望跳脱市场性，赋予作品不同的感觉呢？

* A：我的大部分创作都是根据项目的需要来做。我个人比较喜欢更有意境和艺术氛围的东西。

* Q：您最欣赏的艺术家、插画大师或者其他领域的人士是哪位？

* A：最欣赏宫崎骏。

* Q：您喜欢收藏艺术品、动漫手办或者潮流玩具吗？可以举个例子吗？

* A：我喜欢玩拼装玩具。我也很喜欢高达系列，有时候会自己来涂装和改造高达，这个过程很有意思。

* Q：创作 W.KONG 的 "脑洞" 是怎么来的呢？可以分享一下创作的理念和创作过程吗？

* A：当时我正在喷一款模型，结果就顺道做了这款 W.KONG。虽然创作时试了很多组合的方式，但各种权衡之后，我选择了做这个科幻风格的造型。

W.KONG 七十二变作品

W.KONG × 郑博——《*Largepower*》

阴谋涌动的 "赛博朋克" 世界，我是重重暗影中的正义杀手。

T.t

057 田甜

作 者：田甜

个人简介：2010 年毕业于山西传媒学院，主笔绘制了多部幽默漫画系列图书，参与了两个绘本项目的策划和绘制工作以及多部动画片的制作，在动画片制作中主要负责了前期的人物和道具设定工作。

出生日期：1987 年 10 月 25 日

居住地：北京

毕业 / 就读院校：山西传媒学院

从事插画创作时间：2008 年

合作过的品牌 / 项目：意林文化传媒集团（担任《蔷薇少女馆》书籍项目组组长）；

北京快乐工场文化传播有限公司（任主笔职位）；

参与《国王万岁》《万兽无疆》《红龙》《LOVE 大作战》《无敌保镖》等漫画的制作；

在北京梵灏思文化传媒有限公司任职（物理特效组美术部负责人），期间参与制作了多部国内院线电影，包括《捉妖记 2》等。

* Q：您创作中的灵感来源于哪里？可以分享一下创作背后的故事吗？

* A：都说是灵感了，哪来的来源。创作的背后只有抓耳挠腮。

* Q：您如何定义自己的作品风格？有哪些关键事件或者转折点促使您形成了现有风格？未来有想要尝试的新风格吗？

* A：我的图没有固定的风格，所以不存在关键事件和转折点。未来还是希望尝试各种各样的风格。

★ Q：在进行创作时，是否会考虑市场以及观众的偏好呢？还是希望能跳脱市场性，赋予作品不同的感觉呢？

★ A：个人创作还是希望跳脱市场，商业作品就没办法了。

★ Q：创作 W.KONG 的"脑洞"是怎么来的呢？可以分享一下创作的理念和创作过程吗？

★ A：主要的创作理念是契合"猴子——孙悟空"的概念，于是创作了双面的真假美猴王、生化猴、时尚猴和推光漆猴。

W.KONG 七十二变作品

W.KONG × 田 甜——《时尚 W.KONG》

神话人物与时尚相结合，更接地气，更具潮流感。

W.KONG 七十二变作品

W.KONG × 田 甜——《黑 金》

推光漆是山西平遥的地方传统手工技艺之一，以手掌推出光泽而得名。黑金 W.KONG 先生身上的纹理就源自推光漆器的纹理样式。

W.KONG 七十二变作品

W.KONG × 田 甜——《真假美猴王》

我们都为了取得真经而不断打怪进阶，遭遇"自己"这道关卡时才知道什么是"猴生"的至暗时刻。失败的痛苦往往源于自我否定，只要保持真心、坚守自我，打败六耳猕猴其实也没有多难。

W.KONG 七十二变作品

W.KONG × 田 甜——《赤 心》

悟空被病毒感染，生气只会加速病毒的传播。即使如此，悟空也依旧保持清醒、不忘初心。

058 崔 翔

作 者: 崔 翔

出生日期: 1987 年 6 月 24 日

居住地: 山西太原

从事插画创作时间: 2008 年

* Q: 您是因为什么契机开始画画的?
* A: 我从小就很喜欢画画和做手工,当时我还有很多关于手工的纸模图书,我也喜欢去书店买带有拓印硫酸纸的动漫书,并且喜欢看动画。所以也没有什么契机,就是天生的一种喜欢。
* Q: 您在创作中有自己独特的色彩偏好或者其他特别的创作习惯吗? 可以举个例子吗?
* A: 我喜欢极简的风格、流畅的线条,以及成套系的画作。我的创作习惯是先罗列出绘画目录之后才开始创作。
* Q: 可以分享一下您觉得最特别的一次绘画经历吗?
* A: 2014 年的时候,我本来只是为了自己平日的创作而挑选《奔跑吧兄弟》节目为蓝本,再按自己的风格画了一套卡通形象,没想到会被该节目中的明星使用。看到明星把我的画替换为自己的头像,还是挺惊喜的,也让我对后来的绘画有了更强的信心。

W.KONG 七十二变作品

W.KONG × 崔 翔——《拳鸡手》

戴上鸡头帽，穿上拳击手套，我是拥有"超凶呆萌脸"的"拳鸡手"。

059 米可

作 者：米可

出生日期：1995 年 6 月 8 日

居住地：重庆

毕业 / 就读院校：四川美术学院（曾于意大利佛罗伦萨美院进行交流）

从事插画创作时间：2013 年

出版记录：个人旅行绘本《请你吃颗牛奶糖》。

合作过的品牌 / 项目：KENZO、万达城、汽车之家、华侨城等。

* **Q：您创作中使用较多的题材或灵感来源于哪里？可以分享一下创作背后的故事吗？**
* A：旅行游历见闻。一个人四处旅行，去佛罗伦萨小镇、南法和巴黎，喜欢与陌生环境和文化发生碰撞的感觉，旅行帮助我激发自我认知。
* **Q：您最欣赏的艺术家、插画大师或者其他领域的人士是哪位？为什么？**
* A：村上隆。因为他能把艺术和商业平衡得很好，用艺术打开市场，开创自己的品牌并扩大其影响力，站稳国际位置。
* **Q：可以分享一下您觉得最特别的一次绘画经历吗？**
* A：人生第一次画画吧，我的画被贴在幼儿园的红花墙上。
* **Q：在创作中有没有什么小癖好呢？**
* A：比较享受香薰蒸汽萦绕的创作氛围。

* **Q:** 在进行创作时，是否会考虑市场以及观众的偏好呢？还是希望能跳脱市场性，赋予作品不同的感觉呢？

* **A:** 我认为艺术不是自我的，而是对社会的观察、与社会的联结作用下的产物。与其迎合，不如带领。

* **Q:** 您喜欢收藏艺术品、动漫手办或者潮流玩具吗？可以举个例子吗？

* **A:** 我喜欢收藏 KAWS 和 Holala 娃娃。

* **Q:** 创作 W.KONG 的"脑洞"是怎么来的呢？可以分享一下创作的理念和创作过程吗？

* **A:** （创作理念）源于恋爱初期的柔软心境，感觉自己一切尖锐的想法和行为都被糖包裹起来了。

W.KONG 七十二变作品

W.KONG × 米可——《*Gift Baby*》

糖霜化了，冰激凌融了。用小勺子敲打布丁上的那层焦糖，用系着蝴蝶结的小刀慢慢切开草莓蛋糕。喜欢一个人时，周围的一切都会变得柔软又可爱。送给你，我的 Gift Baby。

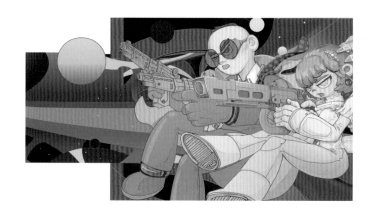

060 三没仙人

作 者：三没仙人

个人简介：曾经默默无闻的公司小职员，现在搞了一个插画工作室。

出生日期：1990 年 10 月 4 日

居住地：上海

从事插画创作时间：2012 年

展览记录："不良种子"个展。

* Q：您在创作中有自己独特的色彩偏好或者其他特别的创作习惯吗？可以举个例子吗？

* A：原来偏爱黑、白、红这几种纯色，后来 A 站的一个同事发明了"泥香色"，这种颜色饱和度略低，偏粉，活泼中带点沉稳，迅速风
靡 A 站的美术组并且发展壮大，我也很喜欢。这种配色方案后来也被我用在商业方向的作品里。个人创作的时候用什么颜色，则全看心情。

* Q：您如何定义自己的作品风格？有哪些关键事件或者转折点促使您形成了现有风格？未来有想要尝试的新风格吗？

* A：我刚毕业时在北京设计周看到了温凌的作品，觉得这都可以拿出来展览（纯粹是指温凌的一种表达风格，不是真的差），为什么我不可以。
于是我就开始画画了。到了 A 站做设计以后，偷学了一点原画的皮毛，下班后自己琢磨和练习，才慢慢地学会用手绘板画画。

* Q：在进行创作时，是否会考虑市场以及观众的偏好呢？还是希望能跳脱市场性，赋予作品不同的感觉呢？

* A：原来我仅凭个人想法来画独立漫画，后来发现，我没法把这些作品拿出来说服 HR 或者甲方。于是我不得不画了很多偏商业性质的作
品，去挣点钱。如果把我的作品拿出来摆一起，就会给人"这不是同一个人画的"的错觉，个人作品和商业作品完全分裂成了两种风格。
为了挣钱，我愿意画些很通俗的画。毕竟活下去才能有机会画自己想画的东西。

W.KONG 七十二变作品

W.KONG × 三没仙人——《大小宇咒》

戴上紧箍儿，摇动背后的咒文盒子，会发出来自"异度次元"的声音。声音环绕着悟空和唐僧，将他们的命运和灵魂束缚在一起，他们互相缠绕，互相生长，互相制衡。

061 Z1

作 者: Z1

个人简介: 男, 汉族, 29 岁。

出生日期: 1989 年 2 月 1 日

从事插画创作时间: 2008 年

* **Q**: 您是因为什么契机开始画画的?
* A: 2008 年进入大学之后, 在专业课老师的带领和影响下, 我才开始画画。
* **Q**: 您在创作中有自己独特的色彩偏好或者其他特别的创作习惯吗?
* A: 最近很喜欢高纯度颜色之间的搭配和碰撞, 加上扁平化的画面设计, 会别有一番韵味。
* **Q**: 您喜欢收藏艺术品、动漫手办或者潮流玩具吗? 可以举个例子吗?
* A: 从小就很喜欢扭蛋、手办这些玩具, 现在家里有哥斯拉、龙珠和幽游白书等手办。

W.KONG 七十二变作品

W.KONG × Z1 ——《Make music》

草莓音乐节及 621 国际乐器演奏日跨界作品。

W.KONG 七十二变作品

W.KONG × Z1 × 苏 涵 ——《开球》

中网公开赛——汗水四溅，拼尽全力！

062 亢先森

作　者：亢先森

个人简介：喜欢一些新潮元素和传统元素。关于创作，其实也有自己的一套创作方法，但是因为时代在变化，不希望让自己的风格受到局限，所以会在保有核心风格的基础上融汇不同的创作方法。

出生日期：1993 年 7 月 25 日

居住地：山西太原

毕业 / 就读院校：山西传媒学院

从事插画创作时间：2013 年

* **Q：** 您最欣赏的艺术家、插画大师或者其他领域的人士是哪位？为什么？

* **A：** 偶像是村上隆。村上隆是位艺术家，同时也是一个商人，他成功地把自己的创作以艺术商品的形式推广了出去。

* **Q：** 在进行创作时，是否会考虑市场以及观众的偏好呢？还是希望能跳脱市场性，赋予作品不同的感觉呢？

* **A：** 都有吧，我会顾及观众的喜好，同时也希望跳脱市场，使自己的作品更有独特性、能贴上我自己的"标签"。

* **Q：** 创作 W.KONG 的"脑洞"是怎么来的呢？可以分享一下创作的理念和创作过程吗？

* **A：** 我以环境为出发点，设想未来世界环境恶化。头部为黑白色、身体为彩色。主要表达未来世界的环境破坏使人的思想变得空虚。面部画上了骷髅面具是想表达空气中的有害物质增加，必须要戴面具才能出行。

W.KONG 七十二变作品

W.KONG × 亢先森——《未来人类》

环境问题日益严重，口罩成为了冬天出行的必备品。可外衣的防御是没有办法从根本上解决问题的，只有从现在开始做出改变，才能帮助未来人类抵御有害物质的侵害。

W.KONG 七十二变作品

W.KONG × 亢先森——《入侵》

这款 W.KONG 是为 2018 年在深圳举行的草莓音乐节特别设计的。W.KONG 胸前是一台黑胶唱片机，音乐从唱片机中缓缓流出，不知不觉间"入侵"到了身体里。面具已经戴好，W.KONG 要去做音乐世界中的超级英雄。

小米

063 周小米

作 者：周小米

个人简介：自认为是画画不太好的一个人，但是又放弃不了艺术创作这件事。换过很多不同类型的工作，比如教小孩子画画的小老师，做电商给产品拍美美的照片，宅在家里给别人画插图，去电子厂做宣传图和包装图，踏进微信表情包制作行业。认为大学并不是唯一的出路，很多工作并不是在学校里能学到的。最大的优点是能把工作变成自己喜欢做的事情。最大的幸福是让所有事情都变美。

出生日期：1989 年 5 月 22 日

居住地：广东东莞

毕业 / 就读院校：中国美术学院艺术设计职业技术学院

从事插画创作时间：2008 年 ~ 2012 年

出版记录：《古利特和大食蚁兽》《地下菜园里的小农民》《冒险狗和救命树》。

* **Q：您是因为什么契机开始画画的？**

* A：大概是小时候看太多动画片和日漫吧，看得眼睛都不好使了，不过也是因为喜欢，所以才不断地围绕着艺术生活下去。尽管画了很长时间，手绘能力还是一般般。

* **Q：在创作中有没有什么小癖好呢？**

* A：不知道算不算癖好，就是我喜欢在一堆准备好的零食旁边进行创作，不过一认真画起来也并不会去吃，但是做准备工作时都会把好吃的放在身边！

W.KONG 七十二变作品

W.KONG × 周小米——《百鬼夜行》

黑暗中有无数让我们恐惧的东西

犹如画中各种各样的鬼怪

遍布每一个角落

但冥冥之中

有那么一个人

会出现在你的生命之中

她将会成为你心中坚强的理由

波波安

064 我是波波安

作 者：我是波波安

个人简介：总是乐呵呵的巨蟹座女孩，思维跳脱已成为习惯，有超强的好奇心。认为"能用双手结结实实拥抱到梦想的人，超酷！"

出生日期：1991 年 6 月 28 日

居住地：北京

从事插画创作时间：2015 年

合作过的品牌 / 项目：光大银行、一汽丰田等。

* **Q：您是因为什么契机开始画画的？**

* A：我大学时学的专业是动画，毕业后对插画越来越喜爱。闲暇时间我经常在本子上涂涂画画，解解手瘾，就这样慢慢开始了画插画的旅途。

* **Q：可以跟大家分享一下您常用的画材吗？**

* A：彩铅、水彩、丙烯、马克笔、数码板都会用，但更多还是用数码板进行板绘。

* **Q：您创作中使用较多的题材或灵感来源于哪里？可以分享一下创作背后的故事吗？**

* A：灵感更多地是来自生活吧，我喜欢画自己的一些小情绪。

* **Q：您在创作中有自己独特的色彩偏好或者其他特别的创作习惯吗？可以举个例子吗？**

* A：我会在下笔时就开始往画面上加五颜六色，最喜欢花里胡哨、暖洋洋的颜色了。画完后，我自己看着开心，所以也想让大家看着开心。

* Q：在创作中有没有什么小癖好呢？

* A：听郭老师和于大爷的相声，看《炊事班的故事》，哈哈。

* Q：创作 W.KONG 的"脑洞"是怎么来的呢？可以分享一下创作的理念和创作过程吗？

* A：刚开始没考虑太多，就想画一组小战士的形象，*EARTH POWER*（《地球力量》）的主题其实是画着画着就自然而然地出现了。一笔笔地创作这些小人儿，逐渐突出它们的性格和故事。于是，"动物""植物""矿藏""地球"这 4 个形象慢慢变得饱满起来，最终完整地呈现在了大家面前。

W.KONG 七十二变作品

W.KONG × 我是波波安——《地球力量》

她们是每一颗奋力跳动的心脏——动物；

是每一株蓬勃生长的枝丫——植物；

是每一处珍奇闪烁的馈赠——矿藏；

是缤纷万物繁衍生息的蓝色星球——地球。

她们有钻石般璀璨的心灵，是地球力量的守护战士。

065 任子康

作 者：任子康

个人简介：一个刚毕业、自认为不专业的设计师。

出生日期：1996 年 1 月 20 日

居住地：广东东莞

从事插画创作时间：2016 年

* **Q：您是因为什么契机开始画画的？**
* A：应该是小时候特别喜欢看动画片的缘故吧。
* **Q：可以跟大家分享一下您常用的画材吗？**
* A：常用马克笔、针管笔、三菱 POSCA 广告笔、秀丽笔、喷漆等。
* **Q：您创作中使用较多的题材有哪些？可以分享一下创作背后的故事吗？**
* A：创作中使用较多的题材都与我的兴趣爱好、生活上遇到的琐碎事情或者突然产生的想法相关。我喜欢以玩具怪兽为题材，基于各种怪异的想法进行创作尝试。
* **Q：您喜欢收藏艺术品、动漫手办或者潮流玩具吗？可以举个例子吗？**
* A：我喜欢潮玩，包括兵人、PlayDraw 公仔、钢铁武士、Mighty Jaxx 玩偶和半解剖公仔等。

W.KONG 七十二变作品

W.KONG × 任子康——《历练》

凡是成功都需要付出汗水，都需在磨炼中慢慢成长、蜕变。始终笑着面对各种磨练，正所谓"真金不怕火炼"。

066 ANNE

作者：ANNE

个人简介：爱画画，画画使其快乐。

出生日期：1999 年 2 月 20 日

毕业 / 就读院校：University of Maryland, Baltimore（马里兰大学巴尔的摩分校）

* **Q：您是因为什么契机开始画画的？**

* A：小学上课"摸鱼"就在画画。

* **Q：您最欣赏的艺术家、插画大师或者其他领域的人士是哪位？为什么？**

* A：我很欣赏当代年轻的希腊画家 Dimitra Milan。她的画以人与自然为主题，模糊了人和大型肉食动物的界限，绘画出了一个个梦幻而靓丽的自然世界。高饱和度的配色很吸引人，且画面极具故事感，很能唤起人的情绪。倘若一个作品能引起他人的精神共鸣，这大概就是艺术有了灵魂吧。

* **Q：在创作中有没有什么小癖好呢？**

* A：我一旦进入到灵感爆发的状态，偶尔会兴奋到不吃、不喝、不睡。

W.KONG 七十二变作品

W.KONG × ANNE——《昼与花与夜与梦》

昼夜交替，斗转星移。梦醒前，你永远证明不了自己没在做梦。

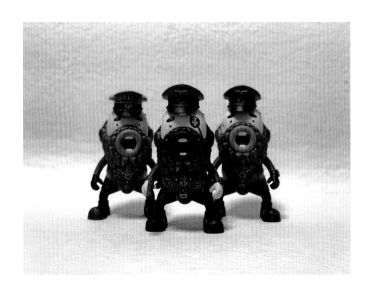

067 老周

作 者：老周

个人简介：潮牌主理人。2008 年和小伙伴一起代工涂装战锤及高达，2016 年开始接触潮玩，其涂装风格融合多种绘画方式和色彩搭配，对潮玩涂装有着自己独特的认识。曾经与多位设计师合作，推出限量版潮玩。其工作室旗下有叙世文创手帐社团以及奇形怪状漫画社团。

出生日期：10 月 28 日

居住地：北京

从事涂装创作时长：10 年

合作过的品牌：LITOR'S WORKS、Kibbi、MORNING +、UGLYTOYS、GEEKA TOYS、Chubbytoy、Asmallbottle、Lop Toy、Sean Lee、瓦斯蛇、一楠原创、惊奇世界、猫将。

* Q：您是因为什么契机开始画画的？
* A：我从小就喜欢画画，于是从一年级开始学习绘画，一直学了 9 年。后来因为高中学习压力大，就放弃了。但是因为喜欢，一直没有丢掉，大学又重新开始画漫画，一直喜欢到现在。
* Q：您创作中使用较多的题材有哪些？可以分享一下创作背后的故事吗？
* A：创作过程中，我特别喜欢暗黑风格的题材，以及古埃及和古印度文化、中国的古兽等题材。
* Q：喜欢收藏艺术品、动漫手办或者潮流玩具吗？比如？
* A：我喜欢 KAWS 的一些作品，龙家昇的 Labubu，还有赤热（工作室）的无毛猫。

W.KONG 七十二变作品

W.KONG × 老 周——《石 像》

我本身就是悟空粉，喜欢和悟空有关的各种玩具。因为悟空本身就是石猴，所以我就想做一个石像版的悟空。

068 桃鸨鸨

作　者：桃鸨鸨

个人简介：潮流玩具设计师，山西灌木文化传媒有限公司签约艺术家，主理品牌桃士多（DOSTO CLUB）。

出生日期：1988 年 7 月 9 日

居住地：北京

展览记录：2017 年 10 月，第 11 届中国国际品牌授权展览会（上海新国际博览中心）；

　　　　　2017 年 7 月，作品入驻北京 798 艺术区灌木艺术空间；

　　　　　2017 年 4 月，第 18 届中国国际模型博览会（HOBBY EXPO CHINA 2017）。

* **Q：您是因为什么契机开始画画的？**
* A：印象中我打从六七岁开始就知道自己喜欢画画，小时候在乡下便会专门捡小块的碎红砖在水泥地上画，后来就在画帖上临摹，初高中迷上了动漫，便又开始临摹动漫人物。

* **Q：您创作中使用较多的题材或灵感来源于哪里？**
* A：我的作品全部是鸭子，而且是一个爱好"cosplay"的鸭子。灵感来源就是我初中最珍爱的宠物，一只有"汪星人"性格的鸭子，活泼、贪玩且胆子大，好奇心也特强。

* **Q：您最欣赏的艺术家、插画大师或者其他领域的人士是哪位？为什么？**
* A：我最欣赏的艺术家是草间弥生，从她的作品中我能看到她的精神世界是很具有魔幻色彩的，且充满了执着信念，有"执念"的人会特

别吸引我。从艺术创作的角度来说，她是一个活在自己精神世界里的人，是一个典型的凭借剑走偏锋而出彩的艺术家，她的作品有着极强的个人魅力；从商业市场的角度来说，她的作品很有包容力，能完美地融入主流时尚。

* **Q：您喜欢收藏艺术品、动漫手办或者潮流玩具吗？比如？**

* A：我是实打实的"海米"（《海贼王》的粉丝），收藏最多的就是《海贼王》（One Piece）的手办。喜欢带有日本传统文化色彩的潮流玩具，比如小夏屋的潮玩，还有海洋堂的一些关于传统文化的盒蛋。

W.KONG 七十二变作品

W.KONG × 桃鸮鸮 ——《浮 华》

人生在世，得沾点儿江湖气，我行我素却不孤立于世，保留倔强却懂戒骄戒躁，敢想敢做而又勤思务实。你如花般娇艳，何惧光彩外露？于世道里找到一知半己，此生足矣。

W.KONG 七十二变作品

W.KONG × 桃鸮鸮 ——《印 记》

印记是一门世界语言。旧石器时代开始，洞窟石壁上就存在刻画的印记，所以后人才得以知晓当时的故事。印记在空间上没有界限，在时间上不断更迭。无论是物种的进化，还是人类对历史的记录、对文化的传承，都是一种从历史到未来的印记更迭。

069 伟子

作 者: 伟子

个人简介: 就一画画儿的。

出生日期: 1988 年

居住地: 山西太原

从事插画创作时间: 2011 年

* **Q: 您是因为什么契机开始画画的?**
* A: 在我 3 岁的时候, 妈妈给了我一根石笔（就这样开始画画了）。
* **Q: 您最欣赏的艺术家、插画大师或者其他领域的人士是哪位? 为什么?**
* A: 井上雄彦吧。因为他的画面有种魔力, 仿佛有生命——不只是栩栩如生, 而是起起伏伏, 更像是人生。
* **Q: 在创作中有没有什么小癖好呢?**
* A: （创作时）不愿被打扰, 会很焦虑, 脾气也不好。

W.KONG 七十二变作品

W.KONG × 伟子 ——《不动明王》

不动明王守护在侧，祝愿你能把握人生诸多际遇，以智慧应对种种困境，内心坚固，无可撼动。

070 拖稿毕加索

作 者：拖稿毕加索

个人简介：感觉自己"像个艺术家"。

出生日期：1992 年 4 月 29 日

居住地：北京

从事插画创作时间：2015 年

* **Q：您在创作中有自己独特的色彩偏好或者其他特别的创作习惯吗？可以举个例子吗？**
* **A：**我喜欢干净、平滑、有设计感的画风，还喜欢画可爱一点的人物。
* **Q：您如何定义自己的作品风格？有哪些关键事件或者转折点促使您形成了现有风格？未来有想要尝试的新风格吗？**
* **A：**我觉得自己以前画得不是很好，直到遇到了我的哥们儿盗儿老师。我在他身上学习了很多画画的技巧，虽然我现在的画风和他的不一样，但是我的画风是从他的风格里衍化而来的。未来我也一定会尝试新风格。
* **Q：您最欣赏的艺术家、插画大师或者其他领域的人士是哪位？为什么？**
* **A：**我最欣赏的艺术家只有盗儿老师，因为他的逻辑很独特。
* **Q：在进行创作时，是否会考虑市场以及观众的偏好呢？还是希望能跳脱市场性，赋予作品不同的感觉呢？**
* **A：**我画商业性的图比较多，所以我会考虑市场需求和受众群体的偏好。
* **Q：您喜欢收藏艺术品、动漫手办或者潮流玩具吗？可以举个例子吗？**
* **A：**3A 和 JTS 是我比较喜欢的，因为设计感很棒。

* Q：创作 W.KONG 的"脑洞"是怎么来的呢？可以分享一下创作的理念和创作过程吗？

* A：和前面说的一样，想到什么就画什么了。

W.KONG 七十二变作品

W.KONG × 拖稿毕加索——《元素工厂》

如果身体是个工厂，那么各类的元素道具正是对设计师的创造性和多样性的体现。

071 王凯悦

作 者：王凯悦

个人简介：国家中级工艺美术师；深圳市女书法家协会会员；深圳市青年美术家协会会员；徐裕国工艺美术大师工作室浙江金华婺剧戏服非物质文化遗产传承人。2012 年于华南农业大学珠江学院艺术设计专业本科毕业；2018 年于香港浸会大学传理学专业研究生毕业。

出生日期：1990 年 6 月 5 日

居住地：广东深圳

从事插画创作时间：2012 年

出版记录：《全球化背景下对本土化中国传统婺剧手工刺绣的冲击》被收录于《神州·上旬刊》2018 年第 5 期；

《论大众传播在非物质文化遗产婺剧刺绣传承中的影响》被收录于《浙江工艺美术》2018 年第 4 期；

《婺剧服饰图谱与时代的碰撞》被收录于 2015 年中国文联出版社出版的《工艺美术形式与创新（第 3 辑）》。

获奖记录：2013 年 4 月作品《珠光》获第三届中国·浙江工艺美术精品博览会"明清居杯"金奖。

* **Q：您是因为什么契机开始画画的？**

* A：我生长在书香世家，外公徐裕国是非遗婺剧戏服的传承人，母亲徐洁是当代水墨艺术家，所以我从小就画画、学习书法，画画属于我在潜移默化中形成的本能了。

* **Q：您创作中使用较多的题材或灵感来源于哪里？可以分享一下创作背后的故事吗？**

* A：艺术源于生活。我喜欢拿起画笔，记录自然中点点滴滴有趣的画面。

* Q：创作 W.KONG 的"脑洞"是怎么来的呢？可以分享一下创作的理念和创作过程吗？

* A：可能因为我是双子座，有两面性、双重人格，所以我一面想做时下热门的品牌、成为跟上潮流的"土豪"，另一面又想做一只自由长鸣、有信仰的"鸟"。我也没多想，就直接拿起笔，开始由着性子来创作。

W.KONG 七十二变作品

W.KONG × 王凯悦——《双子座》

我不是及时行乐的享乐主义者，也不是放浪形骸的无脚鸟，我个性中的两面使我成为一个彻底的体验派，只为当下而活。

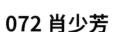

072 肖少芳

作 者：肖少芳

个人简介：喜欢将很多植物、昆虫和雕像融在一个场景当中，属于带点戏剧性的超现实风格。亚力山卓·米开里曾说过："时尚的目的就是创造幻象。"其艺术观念亦是如此。

出生日期：1994 年 3 月 27 日

居住地：上海

毕业 / 就读院校：福州外语外贸学院

从事插画创作时间：2014 年

出版记录：作品 *Weekend* 收录于香港 TakungArt《*Art · Life Picture Album*》一书。

合作过的品牌 / 项目：书法作品入选国家邮政局发行的《一带一路中国梦》限量版珍藏邮册；与寺库 App 合作的艺术品上线；与上海迪士尼奕欧来合作手绘包。

* **Q：您创作中使用较多的题材有哪些？可以分享一下创作背后的故事吗？**

* A：最近比较喜欢 Gucci，也一直在画 Gucci，并且有很多志同道合的朋友相互督促和交流。因去年前辈介绍给我一个在陆家嘴展览的机会，我很珍惜也很想参与。我要在一个月内赶出作品，当时还是迷茫得没有头绪，一位朋友给了我很大的帮助，我才得以顺利完成，但是后来主办方因场地董事会人事变更取消了展览。虽然有点遗憾，但是这个过程也很值得，因为这个契机我发现画 Gucci 的那组作品尤其受欢迎。

* Q：您最欣赏的艺术家、插画大师或者其他领域人士是哪位？为什么？

* A：大卫·霍克尼。因为他的作品所用颜色营造出了童真的感觉，令人放松。

* Q：您喜欢收藏艺术品、动漫手办或者潮流玩具吗？可以举个例子吗？

* A：我蛮爱买画的，会买些青年艺术家朋友的作品。

* Q：创作 W.KONG 的"脑洞"是怎么来的呢？可以分享一下创作的理念和创作过程吗？

* A：我看到 W.KONG 的时候就感觉它好可爱，我就像个小孩一样涂很多喜欢的颜色上去。

W.KONG 七十二变作品

W.KONG × 肖少芳——《吃货联盟》

我没有披金甲圣衣，也不是盖世英雄，但是呢，我可以带你去吃好吃的。

073 屈梦楠

作 者：屈梦楠

个人简介：首饰设计与金属工艺艺术家，现任教于加拿大的诺瓦艺术与设计大学。作品曾展览于北美、欧洲和亚洲。

出生日期：12 月 31 日

居住地：加拿大

毕业 / 就读院校：诺瓦艺术与设计大学（本科），纽约州立大学新帕尔兹分校（硕士）。

从事插画创作时间：2016 年

获奖记录：2011 美国珐琅彩协会评委奖一等奖；

2012 美国 NICHE 学生手工艺奖金属工艺功能组一等奖。

* **Q：** 您创作中使用较多的题材有哪些？灵感来源于哪里？可以分享一下创作背后的故事吗？

* **A：**（使用较多的题材是）独生子女等社会主题。灵感来自于对问题的深入思考。

* **Q：** 您如何定义自己的作品风格？有哪些关键事件或者转折点促使您形成了现有风格？未来有想要尝试的新风格吗？

* **A：** 我觉得是后现代风格吧，不自知地被这个时代后现代化了。后现代就是多变的、交杂的，传统和现代交织，风格已经不是现代艺术中的稳定结构了。我（相对稳定）的风格更多地体现在观念和研究方法上，形式感上的风格则是多变的。

* **Q：** 您最欣赏的艺术家、插画大师或者其他领域的人士是哪位？为什么？

* **A：** 凡·高、毕加索、马蒂斯、土鲁斯·劳特雷克。因为我对那个形式感和观念融合的时代还是充满向往的。

* Q：您喜欢收藏艺术品、动漫手办或者潮流玩具吗？

* A：喜欢比较有味道的画作，会收藏一些这类画作，也有玩具。

* Q：创作 W.KONG 的"脑洞"是怎么来的呢？可以分享一下创作的理念和创作过程吗？

* A：来自最近完成的一套首饰作品《时间存在？》，作品是在思考时间的存在性和学习相关知识时突发奇想的成果。时间可能只是我们幻想出来的，只是同时浮现在脑海中的记忆碎片的集合，而不构成第四维空间。

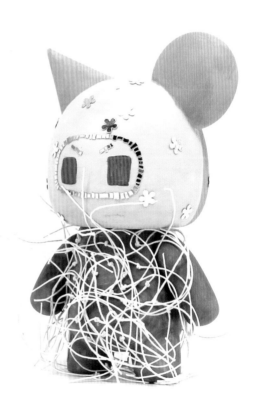

W.KONG 七十二变作品

W.KONG × 屈梦楠——《破 茧》

从纠结中探出头来，看看镜子里的自己，你也可以七十二变。

074 孙彧

作者：孙彧

个人简介：自由艺术家。从 2008 年开始画画，坚持至今，学习了手绘、水彩、油画，最喜欢的是户外风景手绘与漆器制作。

居住地：山西太原

* **Q：创作 W.KONG 的"脑洞"是怎么来的呢？可以分享一下创作的理念和创作过程吗？**

* A：达利、毕加索、凡·高和克里姆特 4 位大师是本人非常喜欢的艺术家，我想将自己对他们的喜爱之情与手办结合起来，于是我就将画家们卡通化并让他们各自与自己的代表作相融合。这样的处理使每个"大师"公仔的特征一目了然，色差鲜明，更加符合市场特性及观众的收藏心理。

* **Q：可以跟大家分享一下您常用的画材吗？**

* A：平时喜欢用的绘画工具为钢笔、水彩和勾线笔，这些工具在户外写生中便于携带，表现力不错，并且填涂色彩时也可以相互兼容。

W.KONG 七十二变作品

W.KONG × 孙 彧——《大师》

我依稀看到星空下的花草农园，那哭泣着的，是亚威农少女吗？穿越时空，希望苦痛不再是永恒的记忆。

075 一只熊崽

作 者：一只熊崽

个人简介：自由艺术家。

出生日期：1995 年 1 月 22 日

居住地：广西桂林

毕业 / 就读院校：河北美术学院

从事插画创作时间：2015 年

展览记录：2017 年作品被收入"思辨与张力"当代中国中青年艺术展。

★　Q：您是因为什么契机开始画画的？

★　A：因为儿时老师的发掘和推荐，我从此开始学习并坚持到了现在。

★　Q：您创作中使用较多的题材或灵感来源于哪里？可以分享一下创作背后的故事吗？

★　A：多数来源于生活、一些神话故事和哲学的理论。

★　Q：您最欣赏的艺术家、插画大师或者其他领域的人士是哪位？为什么？

★　A：我最欣赏的艺术家是马库斯·吕佩尔茨，因为我喜欢他的桀骜不驯，他的作品当中保有张力却又具有指引观者冷静思考的魅力。

★　Q：在进行创作时，是否会考虑市场以及观众的偏好呢？还是希望能跳脱市场性，赋予作品不同的感觉呢？

★　A：我认为市场的需求是无法回避的，因为我们的创作在表面意义上的成功的确是来自市场的认可，但是我们也会有自己的坚持。这两者并不是矛盾的，就像现代艺术的发展一样要经过时间的检验。

* 　Q：创作 W.KONG 的"脑洞"是怎么来的呢？可以分享一下创作的理念和创作过程吗？

* 　A：这个作品的主题是"致萨提诺斯"，萨提诺斯是希腊神话中半人半羊的山林之神，他守护和照顾森林中的牧羊人和旅人。而很多大学生一毕业就要奔赴职场——高楼林立的城市"森林"。我们都是孤立的个体，只能在"森林"中自我照顾，所以我希望自己的作品能够成为在外游子的"守护神"。

W.KONG 七十二变作品

W.KONG × 一只熊崽——《致萨提诺斯》

萨提诺斯是希腊神话里的林神，它照顾丛林里的牧羊人和猎人。学子大学一毕业就将奔赴城市的丛林，希望游子也能够在这丛林中，得到萨提诺斯的守护。

076 刘佩佩

作 者：刘佩佩

个人简介：自由插画师，2013 年毕业于广州美术学院版画系插画专业，2016 年毕业于广州美术学院版画系插画艺术研究方向并获硕士学位。

出生日期：1989 年 2 月

居住地：广东广州

从事插画创作时间：2009 年

合作过的品牌：长隆、广发证券、上海大宁国际、雪佛兰和布兰施。

* **Q：可以跟大家分享一下您常用的画材吗？**

* A：常用的画材有水彩、彩铅、色粉、丙烯等。

* **Q： 您在创作中有没有什么癖好呢？**

* A：创作的时候比较喜欢自己一个人待着。

* **Q：您在创作中是否会考虑市场以及观众的偏好呢？**

* A：如果是画商业项目，当然需要考虑市场和观众的兴趣偏好；如果是纯粹的个人创作，就不会过多考虑。

W.KONG 七十二变作品

W.KONG × 刘佩佩——《宇宙战士》

全副武装，脚踏火焰，随时准备作战。

077 阿仁

作者: 阿仁

个人简介: 认为自己是一个并不专业的职业插画设计师。

出生日期: 1992 年 8 月 5 日

居住地: 北京

毕业/就读院校: 北京工业大学

从事插画创作时间: 2014 年

出版记录: 2017 年出版了个人绘本《愿与世界相拥而眠》。

* **Q**: 您创作中使用较多的题材或灵感来源于哪里? 可以分享一下创作背后的故事吗?

* **A**: 我喜欢看电影、听歌以及经常放空, 如果不是出于工作和商业目的的话, 我喜欢把电影和歌曲里面的元素转化成画面, 有时候也画我家小狗。

* **Q**: 您在创作中有自己独特的色彩偏好或者其他特别的创作习惯吗?

* **A**: 我喜欢低饱和度的色彩。它们会给人一种温和的感觉。

* **Q**: 您如何定义自己的作品风格? 有哪些关键事件或者转折点促使您形成了现有风格? 未来有想要尝试的新风格吗?

* **A**: 我的作品风格很难定义, 因为我本身就是一个画风很分裂的人。未来我想更多地去尝试一些实验性画法, 比如将画与音乐、电影或摄影的表现手法结合起来等。

* Q：您最欣赏的艺术家、插画大师或者其他领域的人士是哪位？

* A：国内的话，我喜欢卤猫、Lisk Feng、我是白、匡扶摇、王志弘；国外的话，我喜欢 Jean Jullien、长场雄、Scott Listfield、坂本龙一、田中达也、KangHee Kim。

W.KONG 七十二变作品

W.KONG × 阿 仁——《存在即合理》

虽然他们身上有着树木一样的纹路，但颜色和普通植物不一样，这象征着他们是异类。为了在大环境下生存，他们只好缩进"外壳"里。同时，他们虽为异类，却也还有着"植物"的本质，所以他们依然是大自然的产物：存在即合理。创作目的是想表达少数群体在社会上的现状。

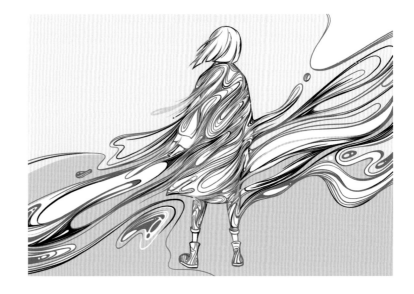

078 Tsai

作者：Tsai

个人简介：独立插画设计师，Tsai Design Studio 主理人，金砖会议赠媒体礼品开发设计师，视觉中国独立供稿人。

出生日期：1989 年 12 月 2 日

居住地：福建厦门

毕业 / 就读院校：厦门大学嘉庚学院

从事插画创作时间：2013 年

展览记录：W.KONG 100 艺术家七十二变邀约联展（798 艺术区灌木艺术空间）；

第六届全国插画双年展（CIB6）。

获奖记录：第六届全国插画双年展优秀奖。

合作过的品牌 / 项目：戴尔、外星人、滴滴出行、格力高、柯达、2017 金砖会议赠送中外记者礼盒设计项目。

* Q：您如何定义自己的作品风格？有哪些关键事件或者转折点促使您形成了现有风格？

* A：我之前尝试过很多画风，现在慢慢形成了自己的 "flow" 画风，我姑且先这么称呼它吧！我很喜欢充满流动感的画面，像墨汁滴入水里的涌动、海面的波浪、风，都让人感觉到自由自在、肆意生长很美好。喜欢这种感觉的事物，我就自然而然会慢慢在画里面尝试去营造这种感觉，慢慢地也就形成了现在这样的风格。

* Q：创作 W.KONG 的"脑洞"是怎么来的呢？可以分享一下创作的理念和创作过程吗？

* A：我是第一次接触这样的艺术项目，我非常开心，也非常荣幸能被灌木艺术空间邀请来参加这次活动。在接到这个项目的时候其实我想画的画面就很明确，我决定要融入自己的艺术理解，就是"flow in the wind"这样的一种感觉。在这期间我也去看了 KAWS 和奈良美智等艺术家的展览，展览上有 KAWS 创作的公仔，杰夫·昆斯的巨型玩偶，以及奈良美智的梦游娃娃，这些对我自己的创作有所启发。但是因为我这段时间非常忙碌，加上之前一直都是用数位板进行创作，其实已经有段时间没有拿过传统画笔了，所以拖延的时间有点长。也正因为自己很久没拿过画笔，所以在创作的时候，我还蛮小心的，整个人会非常投入和认真。我很喜欢这种状态，也非常享受和乐在其中。

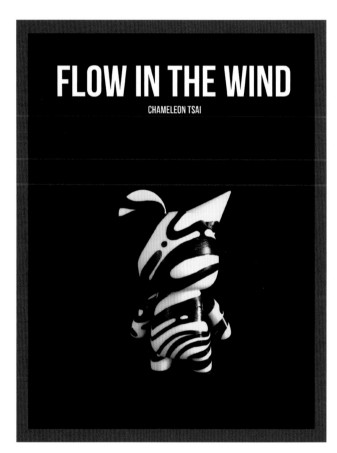

W.KONG 七十二变作品

W.KONG × Tsai——《*Flow in the Wind*》

在生命高低起伏的流动和变化中没有人是寂寞的，我追求的是更深层次的、更接近自我的、不随时光流逝而变化的、仿佛渗入人类意识之中的作品。

079 Vivian.W

作 者：Vivian.W

个人简介：手作黏土爱好者。

出生日期：2 月 4 日

居住地：北京

* **Q：可以跟大家分享一下您常用的创作材料吗？**
* A：我是超轻黏土爱好者，偶尔会结合珍珠泥（进行创作），正研究软陶。

* **Q：您最欣赏的艺术家、插画大师或者其他领域的人士是哪位？为什么？**
* A：我很喜欢 YouTube 上面的一位插画和软陶艺术家 Tina Yu。首先是因为她是中国的艺术家；其次是她的作品刻画得非常细腻，看起来栩栩如生；另外，从艺术的角度来说她很有想法，看得出她并不追求做一个像真的一样的娃娃，而是创作带有故事性和角色特点的艺术品。浪漫和超现实风格并存，又有一种蕴含反讽意味的黑色幽默，十分具有女性力量。

* **Q：创作 W.KONG 的"脑洞"是怎么来的呢？可以分享一下创作的理念和创作过程吗？**
* A：因为我一直在做和章鱼有关的一系列冰箱贴、胸针，有很多朋友喜欢我的这些小手工，所以我希望能够把自己的"符号"延续到 W.KONG 身上。就这样，我做了一个粉色章鱼小姐的作品，她粉粉的、很可爱，这样可以让熟悉我的人一眼就能认出我的作品。

W.KONG 七十二变作品

W.KONG × Vivian.W——《 *Miss Octopus* 》

章鱼小姐对一切都充满好奇，她用心观察，喜欢提问，也擅长独立思考。当然，她也喜欢小宠物，两只小小章就是她最好的小伙伴，陪她一起吃饭 、睡觉、旅行和体验这个"花花宇宙"。据说，她还有个特异功能，就是能够召唤"桃花"哟！

080 阿坨

作 者：阿坨

个人简介：童想国艺术创作馆的创始人之一，漫画作者，插画师。

出生日期：1993 年 6 月 13 日

居住地：广西桂林

毕业 / 就读院校：中国传媒大学

从事插画创作时间：2013 年

展览记录："你好，童年！"2017 北京国际亲子教育绘本展；2017 年第二十四届菠萝圈儿国际插画展。

合作过的品牌 / 项目：漫画《给喵一个哥》（连载中）、十二栋文化。

* **Q：您是因为什么契机开始画画的？**
* A：我从小就喜欢画画，所以就一直画到现在。
* **Q：可以跟大家分享一下您常用的画材吗？**
* A：我以前基本都是用电脑进行板绘，近期开始尝试彩铅和水彩了。
* **Q：您喜欢收藏艺术品、动漫手办或者潮流玩具吗？可以举个例子吗？**
* A：我喜欢收藏一些手办，比如宝可梦、数码宝贝、手冢治虫系列盒蛋、鬼太郎、哆啦 A 梦等。
* **Q：创作 W.KONG 的"脑洞"是怎么来的呢？可以分享一下创作的理念和创作过程吗？**
* A：我是在夜晚画的，刚好看到窗外的很多星星，就想画与星星相关的娃娃。

W.KONG 七十二变作品

W.KONG × 阿坨——《星耀》

喜欢一切闪闪发光的东西，最喜欢躺在屋顶上看星星。

081 书皮

作 者: 书皮

个人简介: 插画师，"sikiyin color box"书皮个人工作室主理人。

出生日期: 1990 年 9 月 28 日

居住地: 广东东莞

毕业 / 就读院校: 广东科技学院（服装设计与工程专业）

从事插画创作时间: 2011 年

展览记录: 2018 年全国插画双年展（CIB6）入围奖；

携作品《我的梦中花园》《一个人》参加"绘美生活" 2017 深圳（坪山）当代插画百人展；

2017 年 5 月，初现生活美学馆"初现艺术周"的个人作品展。

合作过的品牌 / 项目: 百胜餐饮、远粮食品、肯德基、独角兽乐高空间、朵丽丝花艺、小妍子手制酸奶、一芳水果茶、花酿和百合网等。

* Q: 您是因为什么契机开始画画的？

* A: 从我念小学一年级开始，那时我们学校只在高年级开设课外兴趣班，还没有低年龄段的画画兴趣班，我就在教室门口看着里面的哥哥、姐姐画画，自己也非常想加入。我的启蒙老师看到后就破例收了我，于是我就开始上很枯燥的素描课和非常好玩的自然写生课。

* Q: 您在创作中有自己独特的色彩偏好或者其他特别的创作习惯吗？可以举个例子吗？

* A: 绿色、肉色是我常用的（色彩）。（习惯就是）每次画草稿时，必须得先画好人的头部和表情，才继续刻画别的地方。

* Q：您如何定义自己的作品风格？有哪些关键事件或者转折点促使您形成了现有风格？未来有想要尝试的新风格吗？

* A：其实我这一阶段的风格还和很多小伙伴有相似之处。我刚走过模仿他人作品的阶段，正走入过滤知识的阶段。意大利的老师和我说过一句话："你需要有属于别人模仿不了的风格，而不是你有'抄'别人技艺的表面功夫。"所以我一直在尝试新的风格。这也是大多数插画师要面对和思考的问题。

W.KONG 七十二变作品

W.KONG × 书皮——《塾涂》

"塾""涂"同归，一切皆空；万物复苏，涂也。

082 刺球先生

作　者：刺球先生

出生日期：1991 年 5 月 7 日

居住地：北京

毕业学校：伦敦艺术大学

* Q：您是因为什么契机开始画画的？

* A：因为小时候就非常喜欢看漫画，还会想一些天马行空、不着边际的事情，有一天我发现可以通过画面表达自己脑海中的想法，所以就开始了画画。

* Q：可以跟大家分享一下您常用的画材吗？

* A：这个应该没有什么特殊性吧，我常用的画材也就是普通的油性笔。上学的时候我就经常在课本上面乱涂乱画，所以现在也比较喜欢在照片上进行再创作。最近最常用的工具应该就是 iPad Pro 了，因为（它）真的很方便！

* Q：您的灵感来源于哪里？

* A：其实大多数（灵感）跟生活有关。我觉得插画师要具有善于发现生活当中有趣事情的能力，我的《每天一只小怪兽》系列创作的灵感就来源于我日常生活中的各类事物。其实在画面中赋予它们生命是一件很美好的事情，同时我也相信它们是有生命的。

＊ Q：您如何定义自己的作品风格？未来有想要尝试的新风格吗？

＊ A：目前无法定义自己的风格，同时也不太喜欢自己的创作被"定义"在某一种风格里面。可能最近会比较偏爱或者擅长某一种风格，
这跟这段时间的状态是有紧密联系的；之后也会尝试不同的形式，不断地突破自己现有的模式吧，逐渐找到自己讲故事的方式、挖掘这
方面的能力，而不是单纯地被定义在某种风格当中。

W.KONG 七十二变作品

W.KONG × 刺球先生——《双狐》

两只小狐狸，换上了万圣节的装扮！ Trick or Treat？不给糖就搞蛋！

海盗兔子

083 海盗兔子

作 者：海盗兔子

个人简介：插画师，设计师。

出生日期：1987 年 5 月 4 日

居住地：山西太原

毕业 / 就读院校：甘肃政法学院

从事插画创作时间：2018 年

* **Q：您是因为什么契机开始画画的？**
* A：（因为受到爸爸的影响）我爸爸是美术老师。
* **Q： 可以跟大家分享一下您常用的画材吗？**
* A：比较常用手绘板。
* **Q：您创作中使用较多的题材有哪些？**
* A：（使用较多的题材是）海盗文化和精神。
* **Q：您在创作中有自己独特的色彩偏好或者其他特别的创作习惯吗？可以举个例子吗？**
* A：我比较喜欢鲜明的颜色，并且习惯于想到什么就画什么。
* **Q：您喜欢收藏艺术品、动漫手办或者潮流玩具吗？可以举个例子吗？**
* A：我喜欢收藏艺术品，例如国画和书法作品。

W.KONG 七十二变作品

W.KONG × 海盗兔子——《Togr》

Togr 在百年前被一群仓促之间离开的海盗遗落在"陀格"孤岛上，现在是岛上唯一的居民，他一直在等待一个人前来带走他。

084 格 格

作者: 格格

个人介绍: 广告人，80 后"老阿姨"，插画界"小学生"，琴棋书画样样不通，烘焙、摄影甚是稀松。

出生日期: 1986 年 1 月 2 日

居住地: 北京

从事插画创作时间: 2018 年

★ **Q: 在进行创作时，是否会考虑市场以及观众的偏好呢？还是希望能跳脱市场性，赋予作品不同的感觉呢？**

★ A: 这个问题可能很多人会觉得挺矛盾的，不管是哪个行业都需要在市场认可和坚持个性之间做选择。很多人最开始是坚持自我的，认为只要坚持住，总有一天会得到市场认可。这其中有一小部分人坚持下来了，并且通过自己的努力得到了市场的认可；但更多的人始终得不到认可，会陷入没有市场就没有收入的困境，生活得很清苦，他们在精神压力和生存压力的双重压迫下挣扎，以至于更不能全身心地投入到创作中。我觉得是向市场偏好低头，还是执着于艺术追求，无非就是一个生存问题，我们要先能在市场中生存下来，再去思考怎样才能在艺术领域中占有一席之地。所以"市场"和"艺术"并不是简单的选择题，它们应该是相辅相成的关系。

★ **Q: 创作 W.KONG 的"脑洞"是怎么来的呢？可以分享一下创作的理念和创作过程吗？**

★ A: 这是个环保题材的作品，这个 W.KONG 公仔名叫"兮兮"，原本是生活在森林里的一个快乐的小精灵，随着城市化进程对环境的污染和破坏，兮兮的皮肤被有害物质慢慢腐蚀，曾经甜美可爱的外貌正一点点消失，取而代之的是无尽的黑暗与丑陋，最后露出骨头，只能靠华衣美饰来掩盖日渐丑陋的身体。兮兮开始向往原来那个美丽的世界，那里有森林，有一眼望不到边的绿色，更有内心的希望和对未来的憧憬。

W.KONG 七十二变作品

W.KONG × 格格——《兮兮》

被环境污染物所侵袭的小精灵兮兮，华衣美饰也只能暂时掩盖黑暗与丑陋。她向往回到原来那个美丽的世界，那里有绿色的希望和对未来的憧憬。

085 近视鱼

作 者：近视鱼

个人简介："傻白甜"，超怕生，不好惹！

出生日期：1996 年 8 月 18 日

居住地：广东东莞

从事插画创作时间：2015 年

合作过的品牌 / 项目：八仙九猫。

* **Q**：可以跟大家分享一下您常用的画材吗？
* A：经常使用数位板，可以画画，还可以做雕塑，是比较便利的工具。
* **Q**：您最欣赏的艺术家、插画大师或者其他领域的人士是哪位？为什么？
* A：特别喜欢光叔、大山竜还有金政基。金政基的速写超棒。
* **Q**：您喜欢收藏艺术品、动漫手办或者潮流玩具吗？可以举个例子吗？
* A：我喜欢收藏自己所热衷的作品的周边，比如《剑风传奇》里的霸王之卵，《阴阳师》里的达摩，《守望先锋》里的洋葱小鱿。

W.KONG 七十二变作品

W.KONG × 近视鱼——《大圣》

一念成魔，一念成佛。

086 猫 猫

作 者：猫 猫

个人简介：自由职业插画师，一个开着水彩工作室、养着柴犬和猫的固执"小朋友"。

居住地：北京

出生日期：1990 年 10 月 16 日

* **Q：您是因为什么契机开始画画的？**
* **A：** 据家人说我是因为从小看哥哥用五颜六色的画笔画画而喜欢上的，从那之后就一直画画，而且还是用左手画。所以我至今都是用左手画画、用右手写字。我自己也说不出是什么理由让我开始喜欢画画的。
* **Q：可以跟大家分享一下您常用的画材吗？**
* **A：** 水彩为主，还有 iPad Pro。
* **Q：您在创作中有自己独特的色彩偏好或者其他特别的创作习惯吗？可以举个例子吗？**
* **A：**（我偏好）没有灰度的、非常淡的颜色。虽然别人经常说看不清楚我画的是什么，但我就是喜欢浅色，没办法改变这种偏好。
* **Q：您喜欢收藏艺术品、动漫手办或者潮流玩具吗？可以举个例子吗？**
* **A：** 以前喜欢收集手办，买了一桌子人偶，一柜子扭蛋之后，我发现发现自己越来越穷，于是就戒了。

W.KONG 七十二变作品

W.KONG × 猫 猫——《可爱多小怪兽》

不想变成熟，不想变稳重，永远都可爱，永远都有"少女心"。

于波

087 奶油菌

作 者：奶油菌

出生日期：1990 年 12 月 17 日

居住地：山东潍坊

从事插画创作时间：2017 年

* Q：您在创作中有没有什么小癖好呢？
* A：喜欢抱枕头，哈哈。
* Q：在进行创作时，是否会考虑市场以及观众的偏好呢？还是希望能跳脱市场性，赋予作品不同的感觉呢？
* A：如果是有针对性的商业创作，我一般会优先考虑大众的喜好。但是在私下创作时更喜欢尝试一些不同的风格和方法。
* Q：您喜欢收藏艺术品、动漫手办或者潮流玩具吗？
* A：虽然很喜欢，也收藏了很多玩具的店铺，但是在外面租房实在是没地方放玩具，只好等将来有空再慢慢补吧。

W.KONG 七十二变作品

W.KONG × 奶油菌——《暴暴 & 阿绿 & 阿冷》

主人甚至都没想好它们的故事，这 3 只小 W.KONG，大概是 "W.KONG 宇宙" 里最不靠谱的 3 位了。

088 庞 静

作 者：庞 静

个人简介：摄影师，秉持着"不会平面设计、特效化妆的文身师不是好的摄影师"的信念。

居住地：北京

* Q：您在创作中有没有什么小癖好呢？
* A：从小就喜欢在纸上、墙上以及任何可以画上图案的地方瞎画。
* Q：您创作中使用较多的题材或灵感来源于哪里？
* A：我从小就喜欢看各种讲述世界未解之谜的故事、各国的神话故事，我的灵感多来源于这些故事，比如中国的《山海经》。

W.KONG 七十二变作品

W.KONG × 庞 静——《十三区丧尸宝宝》

哀乐奏起，丧尸新郎和新娘登场，伴郎、伴娘请跟好。

089 夏禹

作者：夏禹

个人简介：陶瓷及雕塑艺术家，从事美术教育多年。

出生日期：1986 年 3 月 17 日

居住地：加拿大

毕业 / 就读院校：纽约艺术学院，首都师范大学，诺瓦艺术与设计大学。

从事插画创作时间：2008 年

出版记录：《痴拙》系列作品刊登于加拿大的诺瓦艺术与设计大学网站上。

展览记录：2014 "融合"（诺瓦工艺与设计中心）；

2013 诺瓦艺术与设计大学历届毕业生展览；

2009 "墙"（纽约艺术学院）；

2008 宾州西彻斯特分校交流学者成果展。

获奖记录：2007 "以心接物"全国艺术院校学生作品展（中国国家画院主办）优秀奖；

2006 "其卡通超短动画奖"二等奖。

* Q：您是因为什么契机开始画画的？

* A：从小就喜欢，不自知地开始的。

* Q：可以跟大家分享一下您常用的创作材料吗？

* A：我常用的是水彩和陶瓷，对陶瓷进行釉上绘画。

* Q：您创作中使用较多的题材或灵感来源于哪里？可以分享一下创作背后的故事吗？

* A：（我的灵感来源于）生活中的点点滴滴。有一次一只鸟撞到我家玻璃上晕倒了，我对这个状态产生了兴趣，于是做了一系列以碰撞瞬间为主题的雕塑。

W.KONG 七十二变作品

W.KONG × 夏 禹——《全民饥饿》

鸡贼的"睿智"＝机会主义的本质。

Water melon

Copyright © 瓜小西

090 瓜小西

作 者：瓜小西

个人简介：卡通形象原创画师，代表作《瓜小西东北话》《瓜籽儿夏日版》等表情包，超好相处的"话痨"兼"萌妹"，梦想贩卖关于西瓜的一切。旅游达人、手作达人，现居杭州，经营一间"薄荷手作"DIY造物坊。

居住地：浙江杭州

* Q：您在创作中有自己独特的色彩偏好或者其他特别的创作习惯吗？可以举个例子吗？

* A：我非常喜爱西瓜红色配绿色这样色彩鲜明的搭配。我用这种色彩搭配创作出卡通形象西瓜"萌妹"——"瓜小西"，设计的表情和壁纸也受到大家的喜爱。所以我希望以后有机会可以出更多瓜小西的周边。

* Q：您喜欢收藏艺术品、动漫手办或者潮流玩具吗？比如？

* A：Tokidoki、Sonny Angel、SML等少女心手办玩偶。

W.KONG 七十二变作品

W.KONG × 瓜小西——《*WATERMELON*》

夏日消暑秘籍，吃瓜。

蚯蚓小姐.

091 蚯蚓小姐

作 者：蚯蚓小姐

个人简介：有颗"少女心"的"老太婆"，自由插画师，LOFTER 资深插画师，希望自己在每一个遇见你的日子里都能被你喜欢。

* Q：可以跟大家分享一下您常用的画材吗？

* A：平时用电脑绘画比较多，也会用彩铅、水彩和拼贴。

* Q：创作 W.KONG 的"脑洞"是怎么来的呢？可以分享一下创作的理念和创作过程吗？

* A：我喜欢仙人掌，所以就在公仔上运用了仙人掌的元素。

W.KONG 七十二变作品

W.KONG × 蚯蚓小姐——《仙人掌兽》

在我坚强的外表下，藏着一颗柔软的心。我若是带刺的仙人掌，你还愿意拥抱我吗？

092 苏子龙

作 者：苏子龙

个人简介：目前正在美国印第安纳大学主攻平面设计，喜欢随性一点的画风，创作时的很多灵感来源于生活经历与个人认知。

出生日期：1996 年 10 月 15 日

毕业 / 就读院校：美国印第安纳大学

合作过的品牌 / 项目：10th Street Corridor (Bloomington, IN)、COMBINE Conference (Bloomington, IN)、Themester Project (Indiana University)。

* **Q：您最欣赏的艺术家、插画大师或者其他领域的人士是哪位？为什么？**

* A：Keith Haring，Steven Harrington，Milton Glaser 和 Joan Cornella 都是我非常喜欢的艺术家，我很喜欢他们创作的一些风格和想法。其中，Steven Harrington 2018 年夏天在长沙开了个展。他们是真正喜欢艺术的人，也都是我的目标。

* **Q：在进行创作时，是否会考虑市场以及观众的偏好呢？还是希望能跳脱市场性，赋予作品不同的感觉呢？**

* A：有时我会不自觉地画出商业化的作品，虽然我觉得观众的偏好是很重要的，但单纯为了满足客户需求而做出来的作品可能又缺少了自己的一些特性。不断推敲后的想法一定是更有意思的。

* **Q：创作 W.KONG 的"脑洞"是怎么来的呢？可以分享一下创作的理念和创作过程吗？**

* A：创作的初衷是希望能用 W.KONG 来反映自己童年的一些记忆。《龙珠》是我童年乃至现在都印象深刻的一部动漫，我提取了这部动漫的很多元素，画了一个概念玩具。因为开始前并不知道这些元素组合在一起会是什么样的，这让玩具的最终形象变得有趣。

W.KONG 七十二变作品

W.KONG × 苏子龙——《童 年》

来自贝吉塔行星的赛亚王子，那是我童年梦里的伙伴。

093 白公子

作　者：白公子

个人简介：独立艺术家，非洲马拉野生动物保护基金会驻站艺术家，中国当代女子画会会员，英国的动物艺术家协会会员。曾下海经商，出国留洋，在看过、走过大千世界之后，感觉到表象世界之浮华与虚幻事物已经不能满足自身的需求，继而转向自身内部世界的探求。

居住地：湖南长沙

展览记录："朵儿芬芳"2017 当代中国女性艺术展（北京，恩来美术馆）；

在东方当代艺术展——2017ART 厦门（厦门，在东方美术馆）；

2017 年第 57 届威尼斯国际艺术双年展"越界"特别项目艺术展；

2017 年第三届"和"艺术展（北京，尚 8 国际广告园）；

2017 年 10 月"绽放空间"中国当代艺术家邀请展（日本东京，银座）；

2018 年 1 月"以画为名"中外艺术交流展（上海，美博艺术中心）；

2018 年 3 月 ASIART 中意文化艺术交流协会邀请展（意大利罗马）。

* 　Q：您是怎样走上艺术之路的？在这个过程中有什么刻骨铭心的故事？

* 　A：我曾经从国企的"金饭碗"跳到民营企业，再到外资企业，后来又开始创业。在家庭生活中，我是 3 个孩子的妈妈，我被很多人称作"英雄母亲"。这些丰富的经历让我对人生、对社会有了许多深刻的思考。思考沉淀下来之后，我渴望表达，于是我选择了艺术。艺术是我通向自由之精神世界的手段，也是我内在力量的产物。

＊ Q：您今后还有什么创作计划？

＊ A：我今后的创作重点有两个方面，第一是野生动物题材，第二是女人与花。我把女人的生命比作花，她们的生命轨迹同样是从热烈绽放
到枯萎、凋谢，同样都很美。

＊ Q：您对哪幅作品的创作过程印象深刻？过程中有什么刻骨铭心的故事？

＊ A：我最近创作的《非洲丛林》就是因为我刚从东非大草原回来，我特意去那里寻找人类的发源地，在那里和动物们零距离地朝夕相处。
我们夜里睡在草原上的帐篷里，四周都是狮子的吼声、大象的叫声；白天，我和巡逻队出去寻找动物的踪迹，我亲眼看见猎豹扑食羚羊，
看到雄狮和母狮的爱恨情仇。这一切都激发了我对它们的热爱。

W.KONG 七十二变作品

W.KONG × 白公子——《Origins》

别说我丑，我很温柔；别说我黑，我放光辉。来吧，来吧，跟我一起去东非大草原吧！那是你们的发源地，那里神秘、自然、充满野性，那才
是心灵的归属。

094 刘昌禾

作 者：刘昌禾

个人简介：喜欢绘画、看画，热衷于尝试多种绘画形式，喜爱一切有趣的图形。

出生日期：1982 年 12 月 22 日

居住地：广东深圳

毕业 / 就读院校：湖北美术学院（本科），四川大学艺术学院（硕士）

从事插画创作时间：2017 年

* **Q：您是因为什么契机开始画画的？**

* A：我读书的时候学的就是美术教育专业，工作后虽然没有停止过画画，但也没有那么投入地去画，画展倒是一直喜欢看。2017 年我偶然看到一个艺术家的作品，作品是用圆珠笔和彩铅绘制的，我觉得很有趣，所以就买来彩铅工具自己开始琢磨并画一些插画。

* **Q：可以跟大家分享一下您常用的画材吗？**

* A：彩铅品牌我选的是辉柏嘉和霹雳马，水彩品牌我选的是歌文和史明克；除了凌美（牌）的钢笔以外，比较喜欢用英雄（牌）的美工钢笔来画线条，配的是鲶鱼（牌）的防水墨水。

* **Q：您创作中使用较多的题材或灵感来源于哪里？可以分享一下创作背后的故事吗？**

* A：好玩的活动我都喜欢参加，作为艺术展的资深看客，我在看展体验官的群里看到 W.KONG 的活动就报名参加了。我的创作动机来源于需求，我的创作灵感都来源于自己的生活体验。我进行创作是为了满足自己和他人的生活，并且把生活过得有滋有味。

W.KONG 七十二变作品

W.KONG × 刘昌禾——《逢考必过》

WiFi、信号、神器，助你逢考必过！

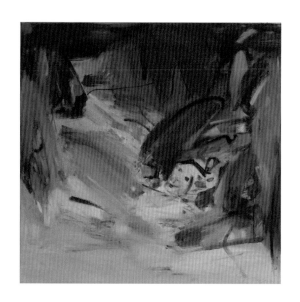

095 徐洁

作 者：徐洁

个人简介：1987 年 3 月生于上海， 2009 年毕业于上海大学美术学院油画系，获学士学位；2012 年毕业于上海大学美术学院油画专业，获文学硕士学位。现任职于刘海粟美术馆，从事媒体宣传及展览策划工作。

出生日期：1987 年 3 月

居住地：上海

从事插画创作时间：2017 年

展览记录：2011 年"青与蓝·院校师生"油画联展（恒源祥香山美术馆）；

"炫" 2011 上海青年美术大展（刘海粟美术馆）；

2016 年"文以载道，艺以养德"文广系统第三届职工书画展（上海中国画院）；

2017 年"永远跟党走·共筑中国梦"文广系统第四届职工书画展（上海中国画院）。

★ **Q：您是因为什么契机开始画画的？**

★ **A：**从小喜欢拿着家里的画册，挤个水彩颜料来涂涂抹抹，我的调皮好动仿佛突然被一支笔和一张纸治愈了。可能是因为我出生在艺术世家，我上了艺术类学校，就这样开启了绘画的旅程。

★ **Q：您最欣赏的艺术家、插画大师或者其他领域的人士是哪位？为什么？**

★ **A：**凡·高、林风眠和米开朗琪罗。

* Q：可以分享一下您觉得最特别的一次绘画经历吗？

* A：有很多（特别的）时候。比如创作中突然可以突破某种自我的束缚，技法达到新的境界，"脑洞"变得特别大，或者尝试新的技法和媒介后意外获得了不同的效果，这些都让人格外振奋。我相信绘画是一种自我修行和自我挖掘的、意想不到的美妙经历。

* Q：在进行创作时，是否会考虑市场以及观众的偏好呢？还是希望能跳脱市场性，赋予作品不同的感觉呢？

* A：在不需要即时得到市场认可的情况下，我宁愿跳脱市场性，尽量让作品给观众带来不一样的视觉体验。

W.KONG 七十二变作品

W.KONG × 徐洁——《马里奥萝卜萝卜兔斯基》

我是红星市第二农场的农业工人，今年 4 岁，身强力壮，有房，喜欢手风琴、绘画和拔萝卜。

096 Raiden

作 者：Raiden

个人简介：家里有很多动物的插画师。

出生日期：1991 年 3 月 3 日

居住地：江苏南京

毕业 / 就读院校：汕头大学艺术与设计学院

从事插画创作时长：很多年了

合作过的品牌 / 项目：西门子、德克士、中国体育彩票、京东电器、万科和江苏省文化和旅游厅（原江苏省旅游局）等。

* Q：您是因为什么契机开始画画的？

* A：幼儿园就开始了，兴趣使然。

* Q：您如何定义自己的作品风格？有哪些关键事件或者转折点促使您形成了现有风格？未来有想要尝试的新风格吗？

* A：我的作品（风格）纯粹看客户的需求，可能是因为设计师，所有的宗旨都在于满足客户的需求，毕竟要赚钱就要符合客户有商业价值。

* Q：可以分享一下您觉得最特别的一次绘画经历吗？

* A：参加过不少活动，但是仍然忘不掉小时候和一群小伙伴趴在比赛现场的地上画画的经历。

* Q：在创作中有没有什么小癖好呢？

* A：喜欢夜深人静时一个人画画。

* Q：在进行创作时，是否会考虑市场以及观众的偏好呢？还是希望能跳脱市场性，赋予作品不同的感觉呢？

* A：个人创作不会考虑市场，商业作品则完全听从客户需求。

* Q：创作 W.KONG 的"脑洞"是怎么来的呢？可以分享一下创作的理念和创作过程吗？

* A：其实我原本想做奥特曼打怪兽，结果"死了"（弄坏）两个，现在成功的是第三个，所以就叫他三号幸存者了，可能我的手不够灵巧吧。

W.KONG 七十二变作品

W.KONG × Raiden——《三号幸存者》

幸存下来的第三号宇宙人。

097 ES 女王样

作　者：ES 女王样

个人简介：自由插画师，文身师，食无鱼乐队鼓手，已出版《你烩你做啊》《橡皮章子戳出来》，为各大电商新媒体等提供插画服务。

出生日期：1 月 18 日

居住地：浙江杭州

从事插画创作时间：2012 年

展览记录：2015 年"刀尖造梦"橡皮章个人展（杭州图书馆）；

　　　　　2016 年于广州地王广场展出粽子喵插画作品；

　　　　　2017 年"孤独 Alone"个人展（杭州大厦）。

合作过的品牌 / 项目：德克士、康师傅牛肉面、支付宝、星巴克、密扇、手淘、京东、椰岛游戏、优酷、漫漫、黄油相机、nice、in。

* 　Q：您是因为什么契机开始画画的？

* 　A：大学因为纯粹的兴趣爱好而开始的。

* 　Q：您最欣赏的艺术家、插画大师或者其他领域的人士是哪位？为什么？

* 　A：陈志勇。（因为）他的作品画风细腻，故事性特别强。

* 　Q：在创作中有没有什么小癖好呢？

* 　A：喜欢蹲着或者跪在椅子上画画。

* Q：在进行创作时，是否会考虑市场以及观众的偏好呢？还是希望能跳脱市场性，赋予作品不同的感觉呢？

* A：自己画的时候不在意，工作的时候还是需要尊重甲方的需求，如果能在工作中保持自己的特色就更好了。

W.KONG 七十二变作品

W.KONG × ES 女王样——《甜甜家族》

在甜甜家族，甜的味道一定不止 100 种，芒果、草莓、巧克力等，哪一个才是你的"sweetheart"（甜心）？

098 付焜楠

作　者：付焜楠

个人简介：中国原创插画计划签约插画师，深圳市插画协会专业会员。热衷于手绘插画的创作，热爱一切与艺术相关的东西。

出生日期：1992 年 9 月 30 日

居住地：重庆

毕业院校：西南民族大学（本科，摄影专业），四川音乐学院（硕士，商业插画研究方向）

从事插画创作时间：2013 年

获奖记录：2015 ~ 2016 年第五届全国插画双年展（CIB5）银奖；

2017 ~ 2018 年第六届全国插画双年展（CIB6）银奖；

第三届西南高校专业摄影联展三等奖；

第四届 Hiii Illustration 国际插画大赛优秀作品奖；

首届全国研究生艺术新人新作展优秀奖。

合作过的品牌 / 项目：四川大学出版社（手绘艺术地图设计项目）、君姿堂（青刺果控油面霜包装设计项目）、润宴（燕窝包装插图设计项目）、元渡家居（vi 设计项目）。

* 　Q: 您是因为什么契机开始画画的？

* 　A：我的绘画创作始于一段没有结果的恋爱经历。

✳ Q：您在创作中有自己独特的色彩偏好吗？可以举个例子吗？

✳ A：在我个人的自由创作中，用色较为单一，比如对黑、白、灰的运用，或者在黑、白、灰的基础上加入某一特定的单色，以此增强自身作品的识别性。

✳ Q：创作 W.KONG 的"脑洞"是怎么来的呢？可以分享一下创作的理念和创作过程吗？

✳ A：最开始看到 W.KONG，它的尖角造型很是吸引我，我的第一反应是想到了冰激凌筒。最终选用路锥元素是出于以下两个原因：一是最近考科（目）一和科（目）四前每天都在看题目，里面有一个板块就是路标相关的知识；二是前不久我的家乡万州发生了公交车坠江事件。综合考虑这些因素，我最终把尖角画成警告路锥和禁止路锥。

W.KONG 七十二变作品

W.KONG × 付焜楠——《J&J》

欢迎使用 W.KONG 地图，请系好安全带，注意前方！！！

99 熊艺为

作者：熊艺为

个人简介：熊艺为，1990 年生于湖北监利，2013 年毕业于中南民族大学美术学专业，现工作、生活于广东东莞。大学期间做过高考美术教学工作，毕业后，因不满原本的美术教学工作而果断放弃了。后来为了自己的艺术梦想，开始自学，研究中西方的艺术史和绘画形式，思考当代艺术未来发展的方向。近几年来，一直坚持探索和研究西方艺术形式和中国文化之间的内在联系，试图将中国书法与抽象艺术结合起来，打破固有的艺术思维。

出生日期：1990 年 1 月 17 日

居住地：广东省东莞市虎门镇

毕业 / 就读院校：中南民族大学

从事插画创作时长：3 年

展览记录：2018 年"唐诗系列"抽象油画作品网络个展；

2018 年 疯狂交流会第 80 — 83 届艺术交流展；

2018 年 ARTBANK"有态度の肆流艺术"网络交流展；

2018 年 首届上海"艺术外滩"展（艺术外滩 2018）；

2018 年 ArtLaozi 青年艺术家扶持计划网络展；

"蓝色火焰——2018 全国中青年绘画秋季联展"线上展；

"意视界"2018 全国当代绘画作品展；

2018 年"独立精神·第三回展"线上展。

* Q：可以跟大家分享一下您常用的画材吗？

* A：我平时的画材有油画颜料、画布、画框、画笔、马克笔、绘图纸和速写纸。

* Q：您创作中使用较多的题材或灵感来源于哪里？可以分享一下创作背后的故事吗？

* A：我喜欢借用唐诗来画抽象画，灵感来源于对中国文化的思考，探索西方艺术形式和中国文化之间的内在联系。随着全球化的加速、人类命运共同体的诞生，消除艺术国界和鸿沟是我们必须要思考的问题，艺术界由此催生了许多中西结合、古今结合的艺术面貌。

* Q：您如何定义自己的作品风格？有哪些关键事件或者转折点促使您形成了现有风格？未来有想要尝试的新风格吗？

* A：我把自己的作品风格定义为中国文化浸润下的抽象艺术，这个风格来源于我长期对东西方艺术的思考。未来我想借助中国文化中的更多形式去尝试更多的绘画"语言"。

* Q：在进行创作时，是否会考虑市场以及观众的偏好呢？还是希望能跳脱市场性，赋予作品不同的感觉呢？

* A：在我的创作过程中，市场不是我考虑的重点，我更多地是考虑作品的艺术性和独特性，希望能给观众眼前一亮的感觉。

W.KONG 七十二变作品

W.KONG × 熊艺为——《节奏的跳动》

这3件作品都体现了线条的起伏和造型的变化，用点、线、面的抽象视觉效果来表达我对音乐跳动的理解。颜色上选用明朗的浅色系，用以表达人们在音乐的场景中欢乐、愉快的心情，使画面和谐又具有活力！

W.KONG 七十二变
展览展示